Andreas Butter / Hans-Joachim Kirsche / Erich Preuß

BERLIN OSTKREUZ

Die Drehscheibe des S-Bahn-Verkehrs

GeraMond

Titelbild:	Der Bahnhof Ostkreuz am 11. Juli 1964	Foto: ZBDR
Abbildung Vorsatz:	Der Blick von der Kynastbrücke am Ostkreuz nach Osten: Mit der 03 0020 rollt im Sommer 1975 ein D-Zug aus Stralsund von Berlin-Lichtenberg kommend in Richtung Ostbahnhof. Im Hintergrund rechts die Barmherzigkeitskirche im Stadtteil Lichtenberg	Foto: Martin Heller / Slg. Rudolf Heym
Abbildung Nachsatz:	Ein modernisierter Zug der Reihe 477 fährt am 24. Juni 1992 als S 3 nach Potsdam. Es geht an diesem Nachmittag für Ostkreuz-Verhältnisse recht geruhsam zu	Foto: Bodo Schulz

CIP-Einheitsaufnahme
Berlin Ostkreuz:
Die Drehscheibe des S-Bahn-Verkehrs /
Andreas Butter, Hans-Joachim Kirsche, Erich Preuß. – 1. Auflage
München: GeraMond Verlag, 2000
ISBN 3-932785-24-X
NE: Butter, Andreas / Kirsche, Hans-Joachim / Preuß, Erich

ISBN 3-932785-24-X

1. Auflage 2000

Lektorat: Rudolf Heym
Herstellung: Peter Schneider
Druck: Heichlinger Druckerei GmbH, Garching
Printed in Germany

Vorwort

Bücher über große Bahnhöfe gibt es viele, kaum jedoch welche über Stationen, die allein dem Nahverkehr dienen. Doch Berlin Ostkreuz ist ein besonderer Bahnhof, nach Meinung einiger Fachleute des Verkehrswesens seit Jahrzehnten der größte Umsteigepunkt des Schienennahverkehrs in Deutschland, gewiss auch der wichtigste Eisenbahnknoten der Berliner S-Bahn.

Trotz einiger Kriegsverluste zeigt sich der Bahnhof als ein weitläufiges Ensemble von aufeinander bezogenen Bauten und Anlagen, die seine lange und komplizierte Geschichte eindrucksvoll belegen. Er ist damit ein technikgeschichtliches Zeugnis von hohem Wert.
Ostkreuz ist aber auch ein Ort, durch den über Generationen hinweg täglich Hunderttausende Berliner in Büros und Fabriken und zum Feierabend wieder nach Hause strömten, den sie für Verabredungen und als Ausgangspunkt für die Fahrt ins Grüne nutzten.
Nach den Zerstörungen des Krieges und mehreren radikalen Aufbauwellen findet man nicht mehr viele Plätze, die noch so viel von der Alltagswelt der Berliner im 20. Jahrhundert erzählen. Hier finden wir noch die altersschwachen Zeugen der Preußischen Staatseisenbahnen und solche aus der Zeit der „Großen Elektrisierung".
Allerdings hat diese romantische Welt auch ihre Schattenseite. Die Anlagen sind morsch und brüchig. Die Umsteigestation sollte schon lange neu gestaltet und dabei aufpoliert werden. Doch der große Umbau lässt auf sich warten.

In diesem Buch kommen die, die sich für das Denkmal Bahnhof Ostkreuz interessieren, und die, die hinter die Geheimnisse des Eisenbahnbetriebs kommen möchten, auf ihre Kosten. Eines Tages, wenn der Bahnhof nicht mehr wieder zu erkennen ist, wird das Buch ein Nachschlagewerk zum Vergleichen sein.
Die Idee, die Geschichte des Bahnhofs Ostkreuz, in ein Buch zu packen, hatte Hans-Joachim Kirsche, der auch die Zusammenstellung der Illustrationen besorgte. Andreas Butter beleuchtet die denkmalpflegerischen Gesichtspunkte, und Erich Preuß erläutert den Eisenbahnbetrieb auf dem Bahnhof und dessen Umgebung.
Für ihre Unterstützung möchten wir danken: BEHALA Berliner Hafen- und Lagerhausbetriebe, Jörg Danckwortt, S-Bahn Berlin GmbH, Susanne Dost, Alfred Gottwaldt, Deutsches Technik-Museum Berlin, Immo Hoppe, Katharina de Keijser, Eberhard Lorenz, S-Bahn Berlin GmbH, Dr. Klaus-Jürgen Paritz, S-Bahn Berlin GmbH, Bernd Rosenke und Ursula Strozynski.

Berlin, im Mai 2000

Die Autoren

Inhaltsverzeichnis

I. Der Geburtstag des Bahnhofes

Das weithin sichtbare Wahrzeichen des Bahnhofes Ostkreuz ist der Wasserturm

Am 7. Februar 1882 wurde der Bahnhof Stralau-Rummelsburg, heute Ostkreuz, in Betrieb genommen. [1]
Er war zum Umsteigebahnhof bestimmt. Bevor es diesen Bahnhof gab, mussten die Reisenden von beiden Ringbahnen, dem Nordring und dem Südring, bis zum Schlesischen Bahnhof fahren, wenn sie vom Nordring kamen und zum Südring wollten oder umgekehrt, denn zwischen beiden Ringbahnen gab es keine durchgehende Verbindung. Die Ringbahnzüge fuhren – im Stundentakt – immer zur Stadtbahn; der Vollring war noch unbekannt.
Wer also beispielsweise von Treptow nach Friedrichsberg wollte, musste auf dem Schlesischen Bahnhof umsteigen. Der neue Bahnhof Stralau-Rummelsburg bedeutete für viele Reisende eine große Erleichterung; man konnte vom Zug des Südrings in den Zug des Nordrings wechseln und umgekehrt und erreichte dadurch einen früheren Zug, gewann Zeit. In Stralau-Rummelsburg hatte die Bahnverwaltung einen Korrespondenzhalt geschaffen, wie man heute solch eine Wechselmöglichkeit von Zug zu Zug am gleichen Bahnsteig nennt. Außerdem konnte man hier in die Vorortzüge nach Lichtenberg-Friedrichsfelde (auf dem Gleis der Ostbahn) oder nach Erkner (auf dem Gleis der Schlesischen Bahn) umsteigen.

1) Der Zugverkehr auf den Ringbahnen begann bereits am 1. Januar 1882

Unsere Urgroß- und Großeltern mögen von dem neuen Bahnhof begeistert gewesen sein. Ob man seinerzeit gern die Treppen hinauf- und hinunterstieg?

Nostalgie und Alptraum

Denn in Ostkreuz einen Bahnsteig ohne Treppensteigen zu erreichen, war und ist unmöglich. Erst der Umbau nach 2000 soll den Bahnhof bequemer werden lassen. Mögen seit den zwanziger Jahren auf anderen Bahnhöfen sogenannte Gehhilfen (Aufzug, Rolltreppe) eingebaut worden sein, in Stralau-Rummelsburg bzw. Ostkreuz sind sie bis heute unbekannt. In vier Generationen ging die Zahl derer in die Abertausende, die diesen Bahnhof hassten – wegen des Umsteigens, wegen des Gedränges, wegen der ausgetretenen Stufen. Nur nicht stürzen – im Pulk nach oben schieben und den Gegendruck derer, die hinunter wollen, aushalten. Nur nicht die farbbesprühten Wände sehen, die Dreckecken, den „Budenzau-

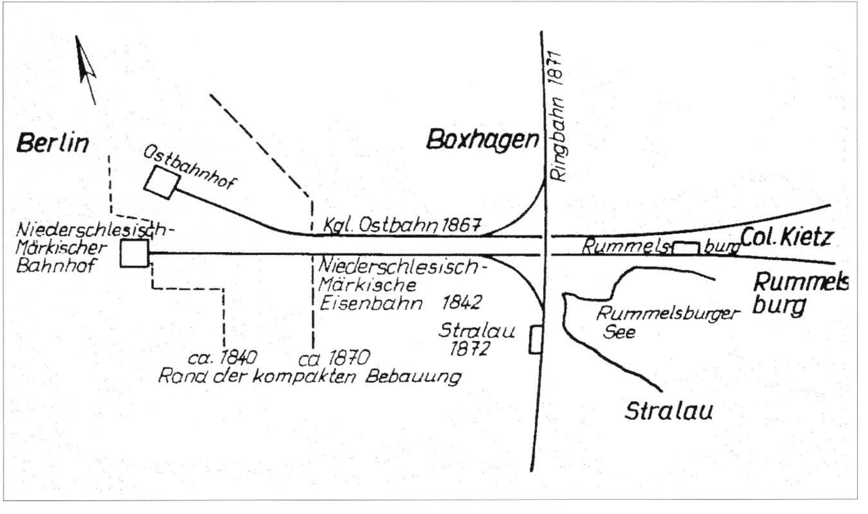

Eisenbahnanlagen im Raum Stralau/Rummelsburg/Boxhagen bis 1872

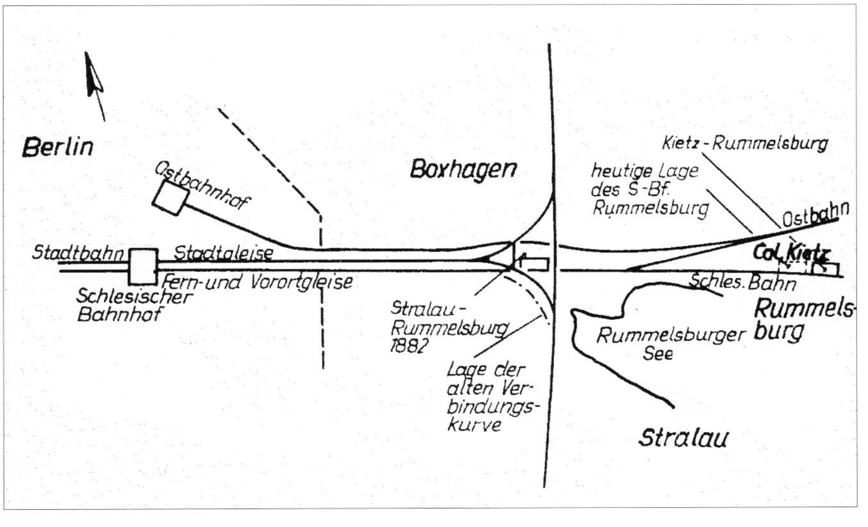

Eisenbahnanlagen im Raum Stralau/Rummelsburg/Boxhagen nach Eröffnung der Stadtbahn im Jahre 1882

Der Bahnhof Ostkreuz – „das größte Nahverkehrskreuz Deutschlands" (lt. Senat von Berlin) – muss seit mehr als 100 Jahren ohne Aufzüge und ohne Rolltreppen auskommen.

OSTKREUZ
2x täglich abfahren!

Kinderwagen schleppen, trepp-auf, wie auf dem Foto aus dem Jahre 1987 vom Bahnsteig D über Bahnsteig F zum Bahnsteig E, hat Generationen von Müttern und – mitunter zupackenden Vätern – Kraft gekostet

ber" auf dem Bahnsteig D. Möglichst auf dem richtigen Bahnsteig ankommen und noch den Zug erreichen. Warten ist auf diesem Bahnhof nicht angenehm.

Der Bahnhof war und ist ein Alptraum. Die Durchsage „Reisende fahren bis Ostkreuz vor und steigen dort um" durchfährt den ganzen Körper. Der Bahnhof gehört zur allgemeinen Hektik in Berlin. Er ist einer der wichtigsten Knotenpunkte des Berliner Schienenverkehrs, das – laut Senat von Berlin – „größte Nahverkehrskreuz Deutschlands".

Der Bahnhof sieht nicht so aus, als gehöre er zum Unternehmen Zukunft, eher passt er in ein Unternehmen des Untergangs, denn auch der bautechnische Fachmann erwartet jeden Tag, dass hier etwas zusammenbricht.

Hier stiegen 1996 noch immer, trotz bis dahin im S-Bahn-Verkehr gesunkener Fahrgastzahlen, an Werktagen rund 100.000 Reisende um. An den sieben Gleisen halten jeden Tag 1.400 S-Bahn-Züge.

Wir sind jedoch der Zeit vorausgeeilt und kehren in das Jahr 1882 zurück. Am Geburtstag unseres Bahnhofs hatte die Eisenbahndirektion Berlin noch drei andere mehr oder weniger wichtige Ereignisse zu registrieren:

- Der fast 40 Jahre alte Kopfbahnhof Berlin Schlesischer Bahnhof [2] wurde zur Durchgangsstation, denn an diesem Tag wurde das

2) seit 1881 als Schlesischer Bahnhof bezeichnet

nördliche Gleis der Berliner Stadtbahn in Betrieb genommen.

- Am 7. Februar 1882 wurde die Haltestelle Stralau geschlossen, auf der seit 1872 zwischen den Zügen der Neuen Verbindungsbahn – bald auch Ringbahn genannt – und den Pendelzügen der Niederschlesisch-Märkischen Bahn umgestiegen werden konnte.
- Seit dem 7. Februar 1882 konnte auf dem Haltepunkt Rummelsburg, an dem die Züge von und nach Erkner sowie einige Fernpersonenzüge von und nach Frankfurt an der Oder gehalten hatten, nicht mehr zu- oder ausgestiegen werden. Statt dessen wurde am 1. Juni 1882 der Haltepunkt Kietz-Rummelsburg eröffnet, 1914 in Rummelsburg umbenannt.

Diese Veränderungen standen im Zusammenhang mit der neuen Stadtbahn Berlin Schlesischer Bahnhof – Berlin-Charlottenburg, mit dem Umbau des Schlesischen Bahnhofs sowie der Neuordnung des Fernzug- und Stadtbahnverkehrs.

Rein und raus, hasten und drängen, lange vor Sonnenaufgang – im Menschengewühl auf Bahnsteig D im Dezember 1985

2. Stralau und Rummelsburg

Blick von der Kynaststraße nach Osten, 1903. Links im Bild die Gleisanlagen der Viehstation

Der Bahnhof Stralau-Rummelsburg sei die Konsequenz gewesen, den Nahverkehr über die Stadtbahn hinaus vom Schlesischen Bahnhof nach dem Osten zu führen, meint Demps [7]. Er sei der Zentralknoten der S-Bahn für zehn Richtungen, schrieben Müller und Nierich [8] oder, wie es Horst Bosetzky in seiner Beschreibung der Fahrt von Ahrensfelde nach Potsdam formulierte: „Ostkreuz ist das absolute Highlight, ein Museumsbahnhof in Betrieb. Nahezu alles ist noch wie zu Großmutters Zeiten und herrlich verbaut." [9]

Am Rande zur Provinz

Der Bahnhof liegt am Rande des Berliner Stadtbezirks Friedrichshain. Die Spreebrücke bildet die Grenze zum Bezirk Treptow. Die nun auch baufällig gewordene Kynaststraße neben den Ferngleisen der Ringbahn gehört bereits zum Stadtbezirk Lichtenberg. Als der Bahnhof Stralau-Rummelsburg eröffnet wurde, befand sich diese Straße schon nicht mehr auf Berliner Flur, wohl aber der Bahnhof. Östlich von ihm begann die Provinz.

Freilich, zu dieser Zeit war die Peripherie Berlins bereits sehr städtisch geworden. Die Gleise der Ostbahn durchliefen in ihren ersten Jahren außerhalb der Zollmauer zunächst gering bebautes Land. Später, als 1889 im Umfeld des Bahnhofs Stralau-Rummelsburg die Landgemeinde Boxhagen-Rummelsburg gegründet wurde, gab es dort bereits 11.000 Einwohner.

1912 vereinigte sich Boxhagen-Rummelsburg mit Lichtenberg und brachte 40.000 Einwohner in die kommunale Ehe ein.

Beiderseits der Bahnlinien bis über die Ringbahn hinaus hat sich im letzten Viertel des 19. und im ersten Viertel des 20. Jahrhunderts die kompakte, für Berlin typische Wohnbebauung mit vier bis fünf Geschossen entwickelt, darunter waren auch Bauten von bedeutenderer Qualität, zum Beispiel die Wohngruppe von 1910 an der Knorrpromenade.

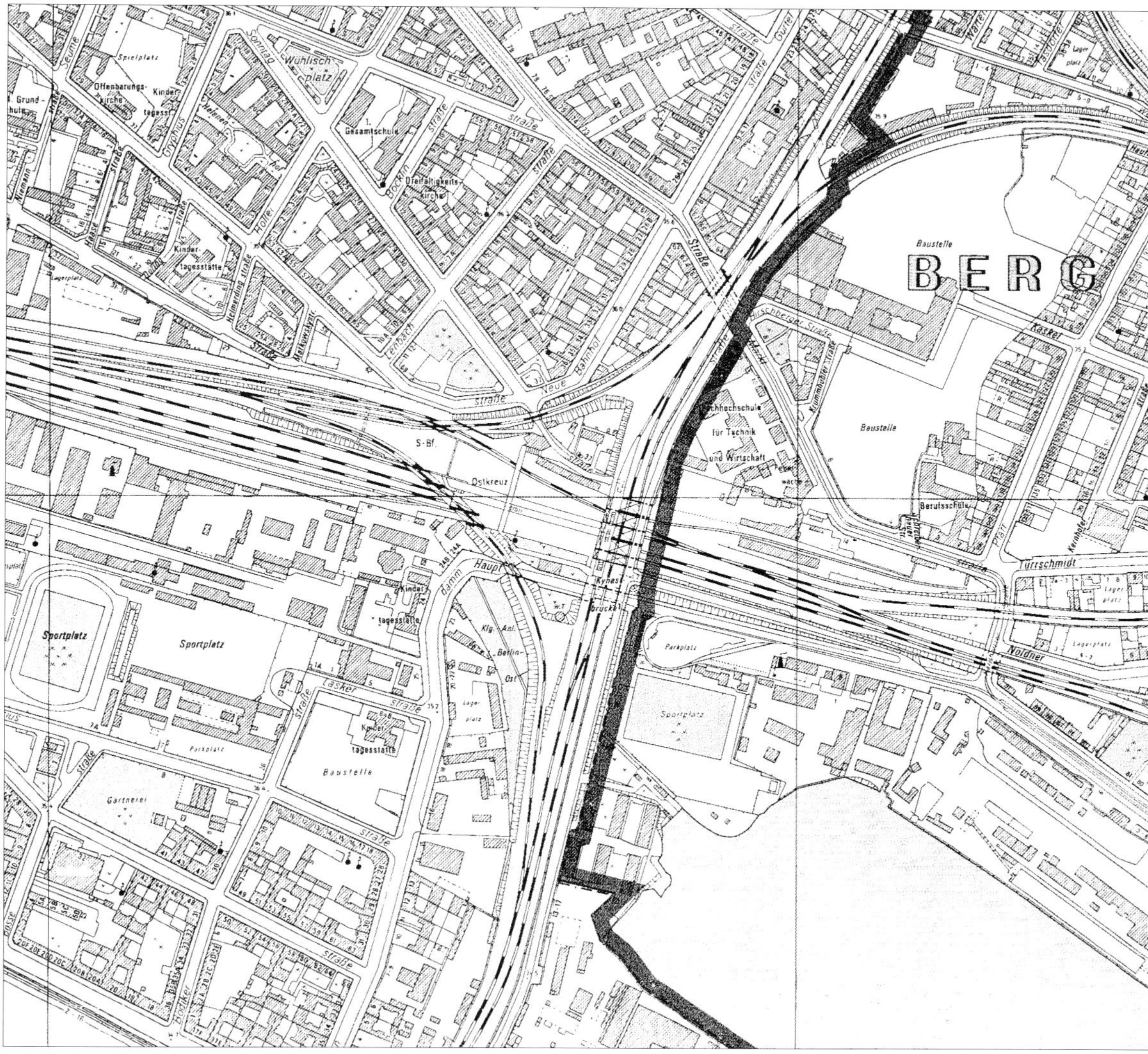

Die merkwürdige Situation, dass die Verwaltungsstruktur den Stand der Expansion der Industrie außer acht ließ, blieb bis 1920 erhalten. Vor der Jahrhundertwende hatte der Berliner Magistrat erklärt, „dass für eine Einverleibung größerer Gebiete eine Veranlassung überhaupt nicht vorliegt." Allenfalls sollten Treptow, Stralau und wenige Ortsteile innerhalb der Ringbahn eingemeindet werden. 1911 war es lediglich zu einer Interessengemeinschaft, dem Zweckverband Groß-Berlin, und im Ersten Weltkrieg zu einer Brotkartengemeinschaft gekommen. Erst am 1. Oktober 1920 trat das von der Preußischen Landesversammlung beschlossene „Gesetz Groß-Berlin" in Kraft. Da Lichtenberg nun zu Berlin gehörte, lag der Bahnhof Stralau-Rummelsburg mitten im Osten der Weltstadt.

Namensgebend für ihn waren Stralau und Rummelsburg. Am Rummelsburger (früher auch Stralower) See hatte die gleichnamige Kolonie gelegen. 1669 war eine Ziegelei angelegt worden, der

Der Ausschnitt aus der Karte von Berlin (herausgegeben 1996) vermittelt einen Überblick über die Lage des Bahnhofs Ostkreuz am östlichen Rand des Stadtbezirks Friedrichshain (dicke Linie = Bezirksgrenze zu Lichtenberg)

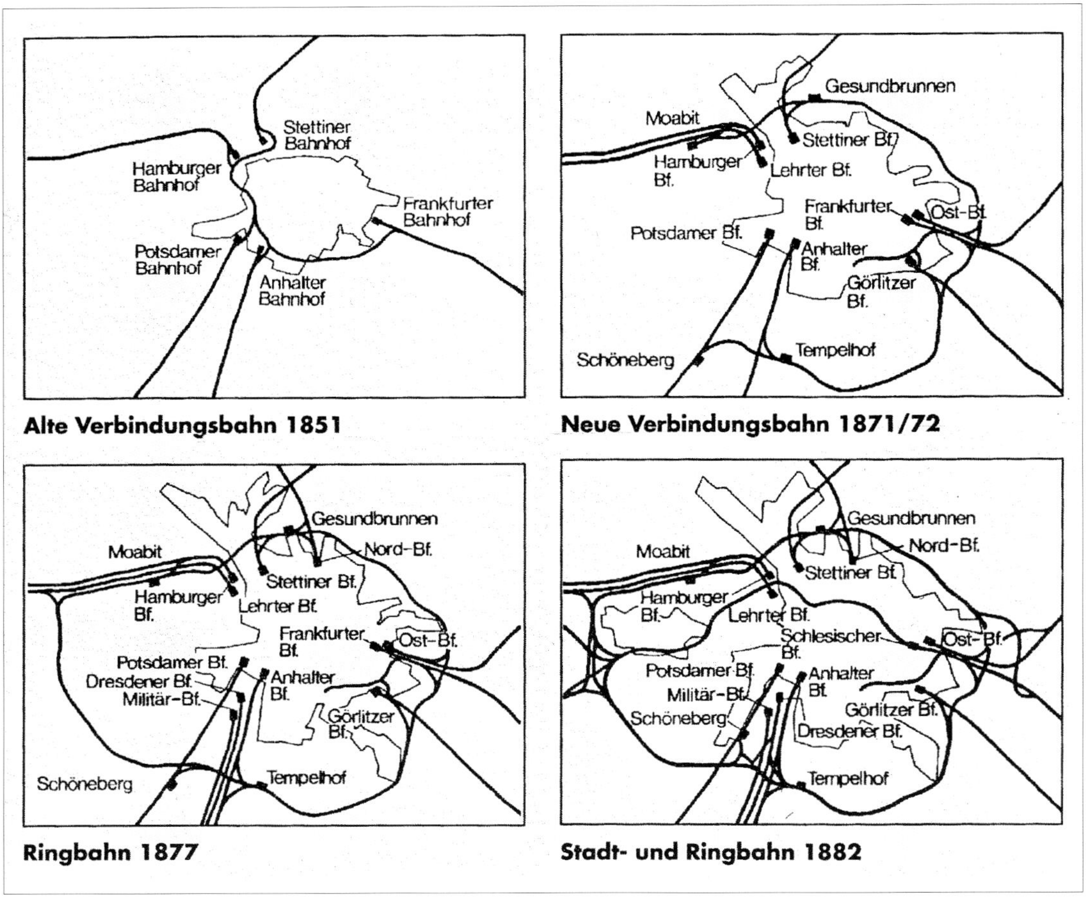

Entwicklung der Eisenbahnanlagen in Berlin von der Alten Verbindungsbahn 1851 bis zur Stadt- und Ringbahn 1882

es aber an geeignetem Material fehlte, so dass sie bald wieder einging. Ein Bürger namens Rücker kaufte die Ziegelei, errichtete an ihrer Stelle ein Wohngebäude mit Garten und nannte das Anwesen Charlottenhof. Der Weinhändler Rummel kaufte das Anwesen, baute eine Meierei und gab dem Ganzen seinen Namen. Nachdem der Magistrat 1776 und 1778 in der Nähe der Meierei einige Grundstücke in Erbpacht gegeben hatte, bildete sich die wiederum nach Rummel benannte Kolonie.

Westlich der Ringbahn, in Höhe der Kolonie Rummelsburg, lag an der Straße, die in Richtung Nordwesten auf die Frankfurter Allee stieß, die Kolonie Boxhagen. Sie war eine der ältesten Besitzungen der Stadt Berlin, ursprünglich nichts anderes als wildbewachsener Wiesengrund, der sich bis zur Fruchtstraße erstreckte. In Parzellen aufgeteilt, konnten ihn die Berliner urbar machen und benutzen. Bald betrieb auch der Magistrat eine Meierei, die er einige Jahre verpachtete. An die Kolonie Boxhagen erinnert die sehr städtische Boxhagener Straße.

Vom Fischerdorf zum Vorort

Stralau – älter als Berlin – war vor den Toren der Stadt ein uralter wendischer Adelssitz und ein Fischerdorf, das sich Ende des 18. Jahrhunderts zum Aus-

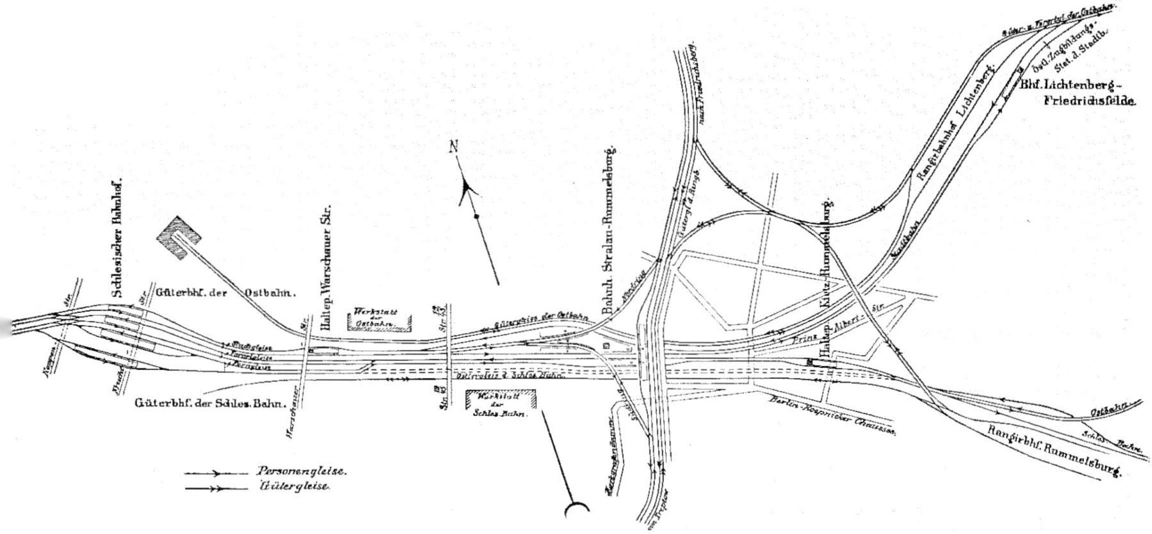

Lageplan der Station Stralau-Rummelsburg mit der „Commandobude" in der Mitte des Keilbahnsteiges, 1887

flugsziel und zur Berliner Sommerfrische mauserte. Die größte Attraktion der Städter bildete das alljährliche Fest der Fischer am 24. August, der Stralauer Fischzug. An der Oberspree lagen mehrere Vergnügungsstätten.
Mit der Ansiedlung einer Teppichfabrik 1865 begann die Industrialisierung Stralaus; 1861 war der Vorgänger der Engelhardt-Brauerei hierher gekommen, in den neunziger Jahren folgten insgesamt 16 Bootswerften (siehe 5. Kapitel).
Trotzdem blieb Stralau ein Kiez mit einem eigenen Menschenschlag, mit Häusern aus der Gründerzeit, Kneipen, Restaurants und einer Kegelbahn. Die Zeit nach 1945 ließ von diesem Milieu nicht viel übrig; die Industrie hatte in der DDR Vorrang vor den Bedürfnissen der Einwohner dieser Halbinsel.

Die Nachbarbahnhöfe

Der nördliche Nachbarbahnhof von Stralau-Rummelsburg war der Bahnhof Friedrichsberg, der der gleichnamigen, westlich gelegenen Kolonie seinen Namen verdankte. Fünf Jahre nach Eröffnung des Bahnhofs 1872 wurde er in Frankfurter Allee umbenannt.
Der südliche Nachbarbahnhof hieß Treptow; 1875 war er eröffnet worden. Auch hier ein Namenswechsel: 1937 wurde der Bahnhof in Treptower Park umbenannt.
Der westliche Nachbarbahnhof Warschauer Straße wurde zwei Jahre nach Eröffnung des Bahnhofs Stralau-Rummelsburg in Betrieb genommen und war nur für die Züge von und nach Lichtenberg-Friedrichsfelde bestimmt. Bis dahin war, wie im 1. Kapitel ausgeführt, die westliche Nachbarstation der Bahnhof Schlesischer Bahnhof.
Der nächste in östlicher Richtung gelegene Bahnhof hieß Kietz-Rummelsburg; er wurde 1902 verlegt und 1914 als Rummelsburg neu eröffnet.
Durch den Vorort Rummelsburg führten die Gleise der Berlin-Frankfurter Eisenbahn-Gesellschaft, die am 23. Oktober 1842 ihre Strecke von Berlin nach Frankfurt an der Oder für den Personenverkehr und am 31. Oktober 1842 für den Güterverkehr eröffnet hatte. Zu den Stationen dieser Strecke gehörte auch – ohne ein Stationsgebäude – der

Im Anhang auf Seite 157 findet sich eine Aufstellung der umbenannten Bahnhöfe

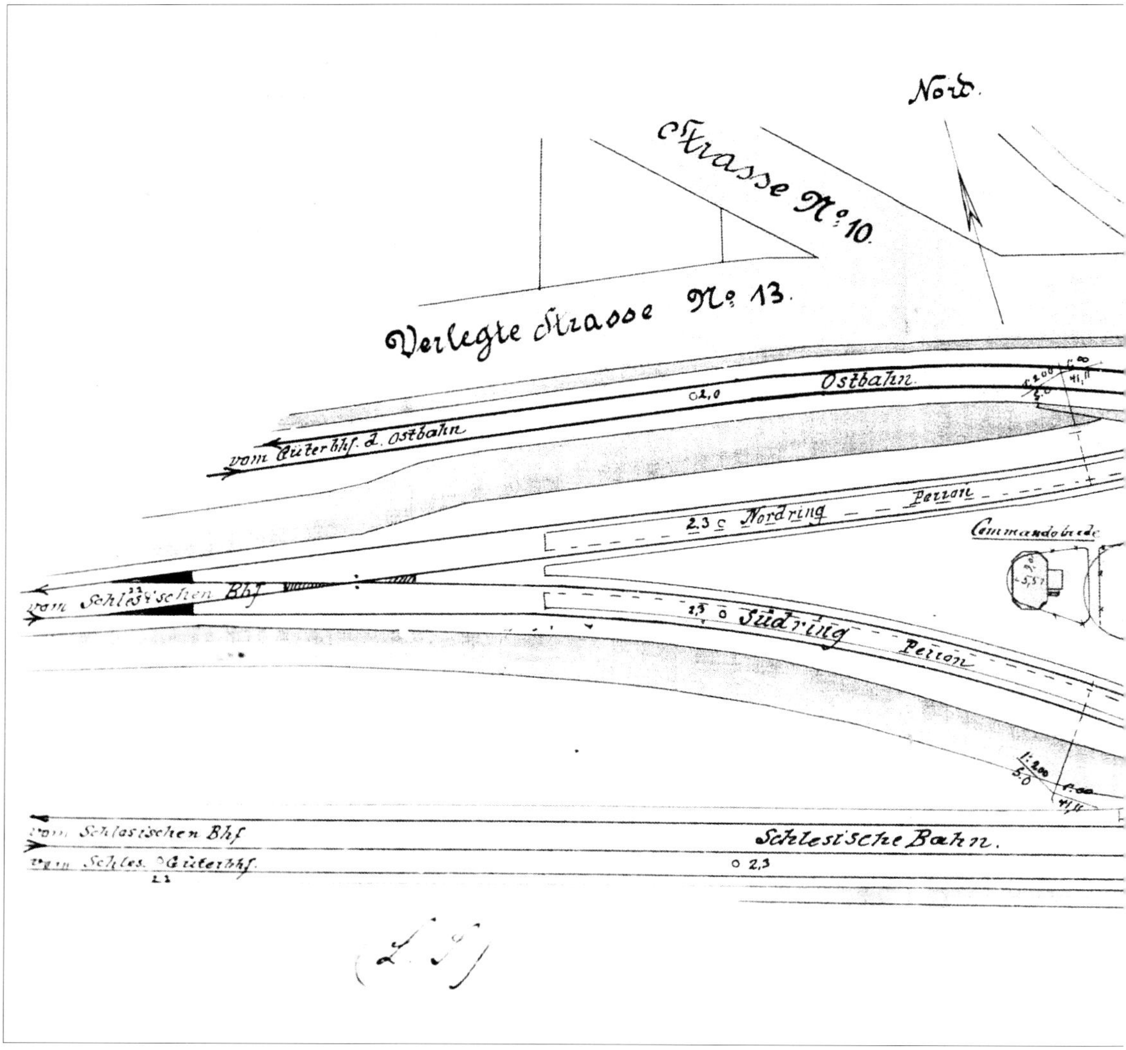

Haltepunkt Rummelsburg, der an der heutigen Schlichtallee lag.

Geburtsstunde der Ringbahn

Am 1. Oktober 1867 eröffneten die Königlich Preußischen Staatseisenbahnen ihre – als sie fertiggestellt war – bis nach Königsberg in Ostpreußen führende Ostbahn zwischen Berlin Ostbahnhof [1] und Gusow, einem Dorf am Rande des Oderbruchs. Frankfurter Bahn, bzw. nach dem Eigentümer Niederschlesisch-Märkische Bahn auch Schlesische Bahn genannt, und Ostbahn verliefen auf 1,8 km Länge bis zum Haltepunkt Rummelsburg parallel.
Da der Verkehr auf der Strecke Berlin – Frankfurt erheblich gewachsen war und die Anlagen nicht mehr ausreichten, stellten die Preußischen Staatseisenbahnen im Einvernehmen mit der Stadtverwaltung im Jahr 1864 Grundsätze auf, wie die Bahnanlagen in Berlin aussehen sollten. Unmittelbar nach dem Friedensschluss im Preußisch-

1) Nicht zu verwechseln mit dem heutigen Ostbahnhof. Der damalige Ostbahnhof hatte sein Empfangsgebäude am heutigen Franz-Mehring-Platz.

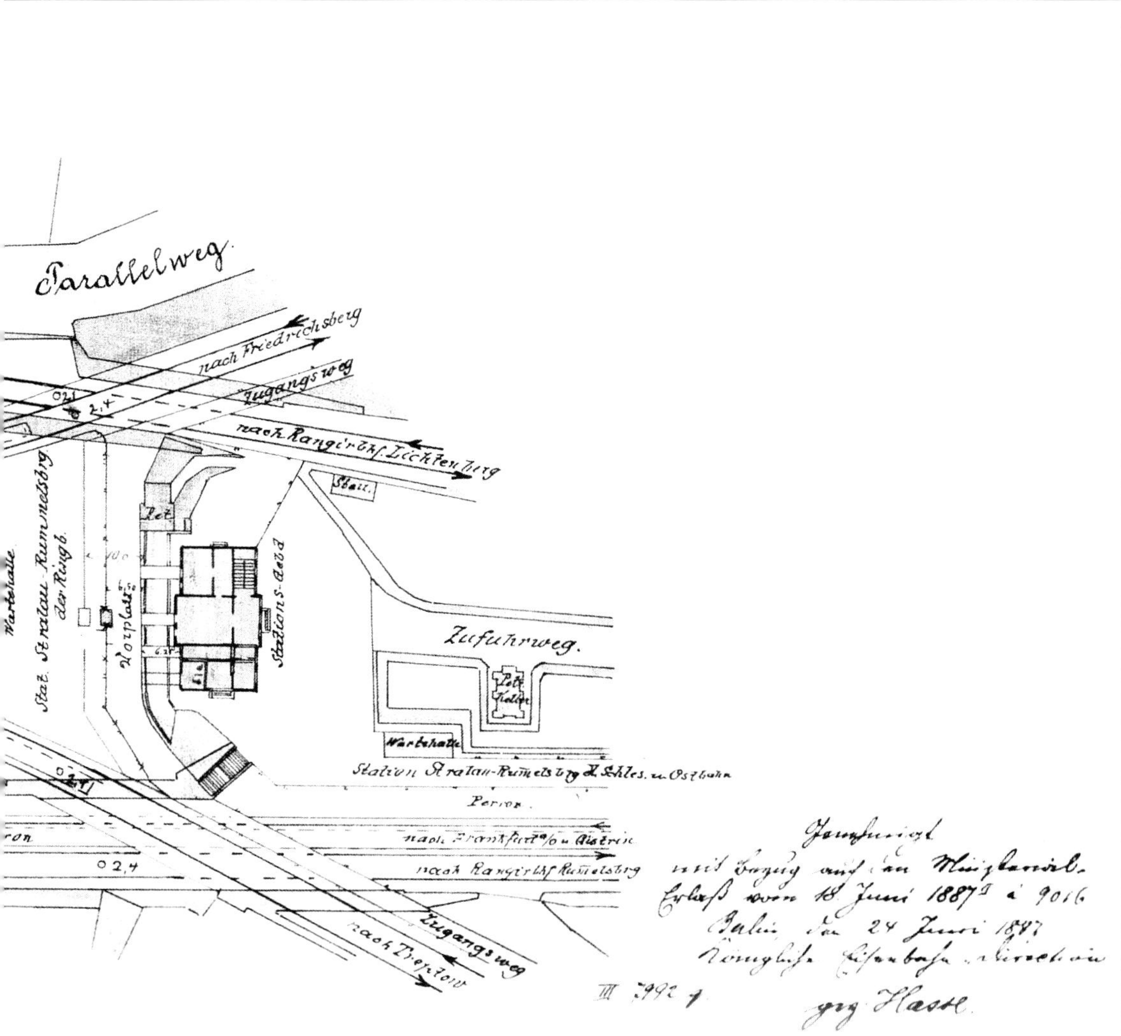

Plan für den Umbau des Schlesischen Bahnhofs und den Ausbau der östlichen Fernbahnstrecken zwischen 1896 und 1903

Österreichischen Krieg von 1866 wurde die Neue Verbindungsbahn, die spätere Ringbahn, geplant und mit ihrem Bau außerhalb des bebauten Stadtgebiets begonnen. Diese zweigleisige Strecke sollte Berlin in weitem Bogen umkreisen und die Straßen niveaufrei kreuzen. Ihre Aufgabe war es unter anderem, den Güterwagenaustausch zwischen den Kopfbahnhöfen zu ermöglichen. Diesen Zweck sollte bereits die bestehende, am 15. September 1851 eröffnete Alte Verbindungsbahn erfüllen, die vom Stettiner über den Hamburger und Potsdamer Bahnhof zum Anhalter Bahnhof führte und zum Frankfurter Bahnhof verlängert worden war. Nur kurz wurde sie „der Verbinder" genannt. Ihr Nachteil war, dass sie die Straßen niveaugleich kreuzte, die Züge sogar die Straßen benutzten und so regelmäßig zum heftig kritisierten Verkehrshindernis wurden.
Die Bahn selbst war dadurch behindert. Lange schreibt: „Dem langsam dahinschleichenden Züglein ging, zur Freude

Ein Zug der Stadtbahn in Richtung Nordring. Das Stellwerk „Srv“ mitten im Bahnhof war 1915 in Betrieb genommen worden und wurde im Zweiten Weltkrieg zerstört

der Schuljugend, ein Bahnwärter voran, der ein rotes Fähnchen schwang und die Kinder von den Gleisen jagte, während die Lokomotivglocke wie bei den ersten Eisenbahnen warnend bimmelte.“ [6] Seit 15. November 1864 wurde deshalb nur noch nachts gefahren, was indes die Anwohner in ihrer Nachtruhe störte.

Am 17. Juli 1871 legte man die alte Verbindungsbahn bis auf den Abschnitt Niederschlesisch-Märkischer Bahnhof – Gitschiner Straße, wo sich die Englische Gasanstalt befand, still, und eröffnete die neue für den Güterverkehr. Sie kreuzte bei Stralau die Strecken sowohl der Niederschlesisch-Märkischen Eisenbahn als auch der Ostbahn. Von der neuen Strecke zweigten an der Stelle des späteren Bahnhofs Stralau-Rummelsburg zwei eingleisige Bögen in Richtung Westen ab. Vom Norden her war die Neue Verbindungsbahn mit dem Ostbahnhof verbunden. Der Gleisbogen ging östlich der geplanten Hohenlohebrücke (um 1950 in Modersohnbrücke umbenannt) in das Gleis der Ostbahn über. In gleicher Höhe wechselte der Verbindungsbogen vom südlichen Teil der Verbindungsbahn in das Gleis der Niederschlesisch-Märkischen Eisenbahn.

Allerdings konnte man vom Ostbahnhof nicht zum Südbogen und vom Niederschlesisch-Märkischen Bahnhof nicht zum Nordbogen fahren. Das änderte sich vorübergehend mit dem Umbau des Niederschlesisch-Märkischen Bahnhofs 1879/1880. Der Ostbahnhof, dessen Schließung für den Personenverkehr vorgesehen war, musste für einige Zeit die Personenzüge aufnehmen, die sonst zum Niederschlesisch-Märkischen Bahnhof fuhren. Schon deshalb war eine Verbindung von ihm zu den Gleisen der Ostbahn und zum nördlichen Ring notwendig, die in Höhe der Hohenlohebrücke hergestellt wurde. Die Gleisverbindungen blieben auch nach Trennung der Ostbahn von der Schlesischen Bahn bestehen, da der Ostbahnhof im Güterverkehr und auch die Werkstätten bedient werden mussten.

Auf der neuen Verbindungsbahn fuhren seit dem 1. Januar 1872 Personenzüge, wenn auch nur wenige: zwei Zugpaare zwischen dem Lehrter Bahnhof und dem Potsdamer Bahnhof, im Jahr darauf ganze acht Zugpaare. Man könnte denken, die Bahnverwaltungen hätten den Schnittpunkt der Strecken sogleich zum Anlass genommen, einen Bahnhof zum Umsteigen zwischen den Zügen der Verbindungsbahn einerseits und den Zügen von Ostbahn und Schlesischer Bahn andererseits einzurichten. Aber das Bedürfnis, die Züge zu wechseln, wurde offenbar als gering eingeschätzt, ein Haltepunkt musste genügen.

Der als Niederschlesisch-Märkischer Anschluss bezeichnete Haltepunkt lag südlich der Gleiskreuzung neben der Abzweigstelle „Vn". Wenige Wochen nach seiner Eröffnung, im April 1872, erhielt er den Namen Stralau. Von diesem Haltepunkt verkehrte ein Pendelzug zum Niederschlesisch-Märkischen Bahnhof immer dann, wenn ein Zug der Verbindungsbahn angekommen war. Im Herbst 1874 erhielt der Haltepunkt einen Mittelbahnsteig, zu dem die Reisenden ein Gleis überschreiten mussten.

1879 nahm die Niederschlesisch-Märkische Eisenbahn den Rangierbahnhof Rummelsburg in Betrieb. Er wurde durch eine – heute noch bestehende – Gleisschleife mit der Ostbahn und der Verbindungsbahn, also der Ringbahn, sowie mit dem Niederschlesisch-Märkischen Bahnhof über ein Gütergleis verbunden.

Was aber geschah mit den Reisenden, die auf der Ringbahn bleiben wollten? Eine durchgehende Verbindung bestand nicht, es gab nur den Südring und den Nordring mit Zügen, die ihren Anfangs- und Endpunkt auf dem Nieder-

Der Blick zum Bahnsteig F von Westen, aufgenommen 1903

Richtung
Erkner

Ein Foto aus dem Jahre 1936 vom Bahnsteig E

schlesisch-Märkischen Bahnhof hatten. Dort musste umgestiegen werden!
Als 1879 die Planungen für die Stadtbahn begannen, mussten Fern- und Nahverkehr in ihrer Bedeutung gleichrangig behandelt werden. Zwangsläufig ergab sich die Frage, wie und wo die Ringbahnen an die Stadtbahn angebunden werden sollten. Auf dem Niederschlesisch-Märkischen Bahnhof? Das hätte die Kapazität des Bahnhofs gesprengt. Folglich musste die Anknüpfung in Richtung Osten verlegt werden, zum Bahnhof Rummelsburg (das meinte Demps mit der anfangs zitierten Konsequenz).
Östlich der Hohenlohebrücke wurden Rampen aufgeschüttet, um vor oder über der Haltestelle Rummelsburg die nötige Höhe für die Gleise der Nord- und der Südkurve über die Ostbahn und die Schlesische Bahn zu gewinnen. Auf die Rampen kamen die zweigleisigen Kurven zum Süd- und zum Nordring und ein Bahnsteig in Dreiecksform (der spätere Bahnsteig A) mit Wartehäuschen [2] und Bahnwärterhaus, die „Commandobude". Man kann sich diese Gleisanlage auch als Y vorstellen. Von der Landsberger Allee bis zum Stellwerk „Slb" in Höhe des Rummelsburger Sees war der Personen- vom Güterverkehr durch besondere Personengleise getrennt. Für die vom Nordring kommenden Reisenden, die den Zug des Südrings erreichen wollten, bedeutete das bis in das Jahr 1895, dass sie die Gleise überschreiten mussten.
Die bisher bestehenden Kurvengleise wurden 1881 oder 1882 abgetragen, der Haltepunkt Stralau stillgelegt. Nun erhielten auch die unten gelegenen Gleise

2) 1907 soll auf dem Bahnsteig A ein Wartehäuschen mit „Schankbude" gebaut worden sein. War es die Erweiterung der bestehenden Wartebude?

Das Stadtbahngleispaar nach Lichtenberg-Friedrichsfelde (hier in einer Aufnahme von 1997) wurde am 1. Oktober 1903 eröffnet

der Schlesischen Bahn Bahnsteige, so dass man von den Zügen der Ringbahn in die Vorortzüge nach Lichtenberg-Friedrichsfelde oder nach Erkner umsteigen konnte. Damit war der Bahnhof Stralau-Rummelsburg entstanden, für den auch zu ebener Erde, zwischen dem Gleis der Ostbahn und dem der Schlesischen Bahn, das zweistöckige Stationsgebäude gebaut worden ist (siehe auch 4. Kapitel).

Vom 1. Oktober 1885 bis 1896 verkehrten über die Südringkurve zur Stadtbahn auch die Züge der Görlitzer Bahn, wozu südlich des Bahnhofs Treptow eine Verbindung zwischen dem Stellwerk „Vgs" und dem Stellwerk „Vgz" der Ringbahn hergestellt worden war.

Zum Ende der achtziger Jahre des vorigen Jahrhunderts wurde die Lage der östlichen Eisenbahnknoten abermals prekär. Vor allem störte die gemeinsame Benutzung der Gleise von Fern- und Vorortzügen, von Personen- und Güterzügen, war doch der Verkehr auf der Ringbahn vor allem wegen der Tiertransporte zum Städtischen Zentralviehhof sowie zwischen der Ring- und der Stadtbahn enorm gewachsen und für die 1896 geplante Große Berliner Gewerbeausstellung noch mehr Verkehr zu erwarten.

Als erste Maßnahmen zur Entlastung des Schlesischen Bahnhofs wurden 1896 die Ringbahn auch zwischen Stralau-Rummelsburg und Rixdorf viergleisig ausgebaut, um den Güter- und Personenverkehr zu trennen, wozu 1899 die Kynastbrücke für den Bau des dritten und vierten Ringbahngleises erweitert und eine neue zweigleisige Brücke über die Spree errichtet werden musste.

Der nur 8 m breite Bahnsteig E (vormals Vorortbahnsteig für die Züge von und nach Erkner) nimmt sich beileibe bescheiden aus im Vergleich zum Bahnsteig D (links im Bild)

Seit 1903 in Betrieb – der Bahnsteig F mit zwei Gleisen für den Personenverkehr (heute S-Bahn). Daneben die zwei Gleise für den Güterverkehr (heute Fernbahn). Dann folgten das Osthafengleis und das Anschlussgleis zum Glaswerk Stralau (Aufnahme von 1985)

3) Die Anlagen zur Entladung der Güterwagen

An der Nordring- und Südringkurve wurden die Außenbahnsteige (B und C) sowie als Verbindung von den Außenbahnsteigen zum Mittelbahnsteig ein Tunnel gebaut. Durch Weichenverbindungen in Stralau-Rummelsburg und Treptow standen nun vier Gleise für die Personenzüge zur Verfügung.
1902 wurde auf der Südseite, zwischen dem Bahnsteig D und den Ferngleisen der Schlesischen Bahn, für deren Vorortzüge der Bahnsteig E mit einer Bahnsteigüberdachung auf historisierenden Säulenpaaren gebaut. Dadurch konnte auf der Schlesischen Bahn der Fern- und Vorortverkehr getrennt werden.
Lange schreibt über diese Trennung des Güter- und Personenverkehrs auf der Ringbahn, diese Erweiterung auf vier Gleise machte bald nicht unerhebliche Schwierigkeiten:
„Logischerweise mußten die Personengleise auf der Innenseite des Rings liegen, und dementsprechend wurden auch neue Bahnsteige angeordnet; aber zwischen Moabit und Friedrichsberg war die Güterablage [3] bereits so weit ausgebaut, daß 1875 der folgenschwere Beschluß gefaßt wurde, den Personenverkehr auf dem gesamten Nordring an der Außenseite zu belassen. Das ergab später beim Bau von Übergangsbahnhöfen (Ost- und Westkreuz) eine enorme Verteuerung durch komplizierte Brückenbauten und trug viel Schuld an der Unübersichtlichkeit, unter der der Bahnhof Ostkreuz noch heute leidet." [6]

Diese These ist nicht verständlich. Abgesehen davon, dass der Bahnhof Berlin Friedrichstraße den Bahnhof Stralau-Rummelsburg bzw. Ostkreuz an Unübersichtlichkeit wesentlich übertraf, bei „unserem" Bahnhof lagen die Personengleise bereits wieder an der Innenseite; die Personengleise wechselten, von Moabit aus gesehen, zwischen Zentralviehhof und Friedrichsberg auf die Innenseite.

Eine weitere Vorkehrung zur Entlastung des Schlesischen Bahnhofs war aber, die Fernzüge der Görlitzer Bahn wieder in den Görlitzer Bahnhof zurückzuverlegen. Erneut wurde ein Umbau der Anlagen des Schlesischen Bahnhofs vorbereitet, die Zugbildung der Stadtzüge (gemeint waren die auf der Stadtbahn verkehrenden Züge) sollte nach Lichtenberg-Friedrichsfelde verlegt werden und deshalb die Stadtgleise bis dorthin führen. Diese Verbesserung für den Schlesischen Bahnhof führte zu wesentlichen Veränderungen in Stralau-Rummelsburg. Der Bahnhof erhielt eine Form, wie wir sie heute noch vorfinden. Die neuen Gleise mussten beiderseits von der zwischen Warschauer Straße und Stralau-Rummelsburg auf der Rampe gelegenen Ringbahnstrecke abzweigen. Deshalb wurde auch der Bahnsteig D besonders breit – zwischen den zum Bahnsteig führenden Gleise mussten noch die Rampen zur Ringbahn passen.

An den neuen Gleisen zwischen Stralau-Rummelsburg und Lichtenberg-Friedrichsfelde wurde der Haltepunkt Neu Lichtenberg angelegt.

Auch sollte in Rummelsburg die Abzweigung der Ostbahn aus den Gleisen der Schlesischen Bahn beseitigt werden, wo fahrplanmäßig sich täglich 29 Ostbahnzüge mit 42 Zügen der Schlesischen Bahn kreuzten und bei Verspätungen behinderten. Ein neues Gleispaar für die Ostbahnzüge war erforderlich. Dafür musste ein niveaugleicher Bahnübergang der Boxhagen-Rummelsburger Chaussee (heute Karlshorster Straße) über die Gleise der Ostbahn und der Schlesischen Bahn beseitigt werden. Die neue Verbindung zwischen der Schlesischen Bahn und der Ostbahn begann östlich des Haltepunkts Rummelsburg (und westlich des Bahnhofs Rummelsburg) als sogenannte VnK-Strecke. [4)]

Bahnsteig E mit historisierenden Säulen aus dem Jahre 1903

Eröffnet wurden:

- der Haltepunkt Kietz-Rummelsburg in neuer, der heutigen Lage 1901
- die VnK-Strecke am 29. Januar 1901
- das Stadtbahngleispaar nach Lichtenberg Friedrichsfelde am 1. Oktober 1903

4) Verbindungsstrecke nach Kaulsdorf

Das Beamtenwohnhaus Sonntagstraße 37 im Zustand November 1999, nachdem der Dachstuhl durch einen Brand arg beschädigt worden war

- der neue Bahnsteig D am 1. Oktober 1903 als neuer Stadtbahnhof.

Bevor diese Umbauten abgeschlossen waren, waren 1896 in Stralau-Rummelsburg gegenüber dem Bahnsteig A die Außenbahnsteige B (Nordringkurve) und C (Südringkurve) hinzugekommen. Beide Bahnsteige waren untereinander und mit dem Bahnsteig A durch einen Tunnel verbunden, so dass die Reisenden zum Umsteigen keine Gleise mehr überschreiten mussten.

1896 waren den Preußischen Staatseisenbahnen die Mittel für besondere Vorortgleise Berlin – Erkner bewilligt worden. Das Gleispaar wurde von 1898 an nördlich neben die Ferngleise gelegt, die Bahnhöfe nach dem Standard der Wannseebahn mit 200 m langen und 0,76 m hohen Bahnsteigen sowie Bänken mit hohem Windschutz, geschlossenen Wartehäuschen und mit kleinen Aborten ausgestattet.

Die Vorortbahn begann aber nicht in Stralau-Rummelsburg, sondern zweigte erst östlich der Ringbahn von den Ferngleisen ab.

Erst 1903 wurden die Gleisanlagen vom Schlesischen Bahnhof bis Stralau-Rummelsburg umgebaut, damit auch hier der Vorort- vom Fernverkehr getrennt werden konnte.

Endlich, am 1. Mai 1903, fuhren die Vollringzüge, womit das Umsteigen auf dem Schlesischen Bahnhof bzw. in Stralau-Rummelsburg entfiel. Sie hielten am neuen Bahnsteig F. Die Ringbahn bestand aus vier Gleisen: zwei für Personenzüge, zwei für Güterzüge.

Der Zustand um die Jahrhundertwende

Fassen wir zusammen, welches die Neuerungen im Jahr 1903 waren, wenn von einigen der Bahnhof Stralau-Rummelsburg auch nur tangiert wurde:

- besondere Vorortgleise nach Erkner
- neuer, nur 8 m breiter Vorortbahnsteig (heute Bahnsteig E) für die Züge von und nach Erkner
- neuer Abstellbahnhof in Lichtenberg-Friedrichsfelde für Stadtbahnzüge
- neuer Bahnsteig in Warschauer Straße, um einen neuen Bahnhof bauen zu können (der erst am 19. Oktober 1924 eröffnet wurde)
- Bahnsteig F – in der zweiten Ebene gelegen – und durchgehende Ringbahnzüge.

Bahnsteig F erhielt wie Bahnsteig E eine Bahnsteigüberdachung mit historisierenden Säulenpaaren. Die Bahnsteige der Stadt-, Ring- und Vorortbahn waren inzwischen von 23 auf 76 cm über der Schienenoberkante erhöht und auf 150 m Länge gebracht worden. Als Engpass zeichnete sich die niveaugleiche Einmündung der Südkurve in die Ringbahn ab. Bei Bock heißt es dazu: „Vor dem ersten Weltkrieg verkehrten zwischen Stralau-Rummelsburg und Treptow an gewöhnlich verkehrsreichen Sonntagen stündlich in jeder Richtung:

- 12 Personenzüge Stadtbahn – Niederschöneweide-Johannisthal
- 2 Personenzüge Nordring – Niederschöneweide-Johannisthal
- 6 Personenzüge Vollring. [10]

Doch die Zugkapazität reichte besonders auf dem Abschnitt Stralau-Rummelsburg – Rixdorf, wo es häufig zu überfüllten Zügen kam, nicht aus."

Die Bahnverwaltung meinte, es müssten bis zu 34 Züge je Richtung und Stunde eingesetzt werden, die aber – im Hinblick auf gegenseitige Behinderungen und die Gefahren, wenn doch einmal ein haltzeigendes Signal übersehen werden sollte – nur möglich waren, wenn der Südringanschluss und der Vollring getrennt verliefen. Die Königlich Preußischen Staatseisenbahnen sahen ein fünftes und sechstes Gleis zwischen Stralau-Rummelsburg und Treptow vor, zeichneten auf ihren Streckenplänen die Unterführung des Vollringgleises unter dem Stadtbahnanschluss ein und sahen südlich des Bahnsteigs F eine Kehranlage vor. Die Planer verloren diese Verbesserungen auch nicht aus den Augen, als der Staat die geplanten Mittel für die Finanzierung des Ersten Weltkrieges verwendete.

Zumindest begannen sie mit den vorbereitenden Baumaßnahmen. Auf der Westseite wurde der erforderliche Damm angeschüttet, der Auftrag für eine dritte Spreebrücke ausgelöst, diese in einer Reinickendorfer Werkstatt gebaut und dann doch nicht für den vorgesehenen Zweck verwendet, sondern in die Nähe von Wilna (Vilnius) geschafft. [10]

1910 war zum Gebäudeensemble das Beamtenwohnhaus Sonntagstraße 37 hinzugekommen, und das Jahr 1912 brachte dem Bahnhof das Wahrzeichen, den Wasserturm des Architekten Cor-

Das Stellwerk „Oks" am Südende des Bahnsteigs F (Aufnahme von 1985) besteht aus einem gemauerten und geputzten Untergeschoss und dem mit Klinkern ausgemauerten Stahlfachwerk des Hauptgeschosses. Obwohl damals noch in Betrieb, zeigte es sich in einem schlechten baulichen Zustand

Detaillierter Grundriss des Bahnhofs Stralau-Rummelsburg mit Umgebung, 1925

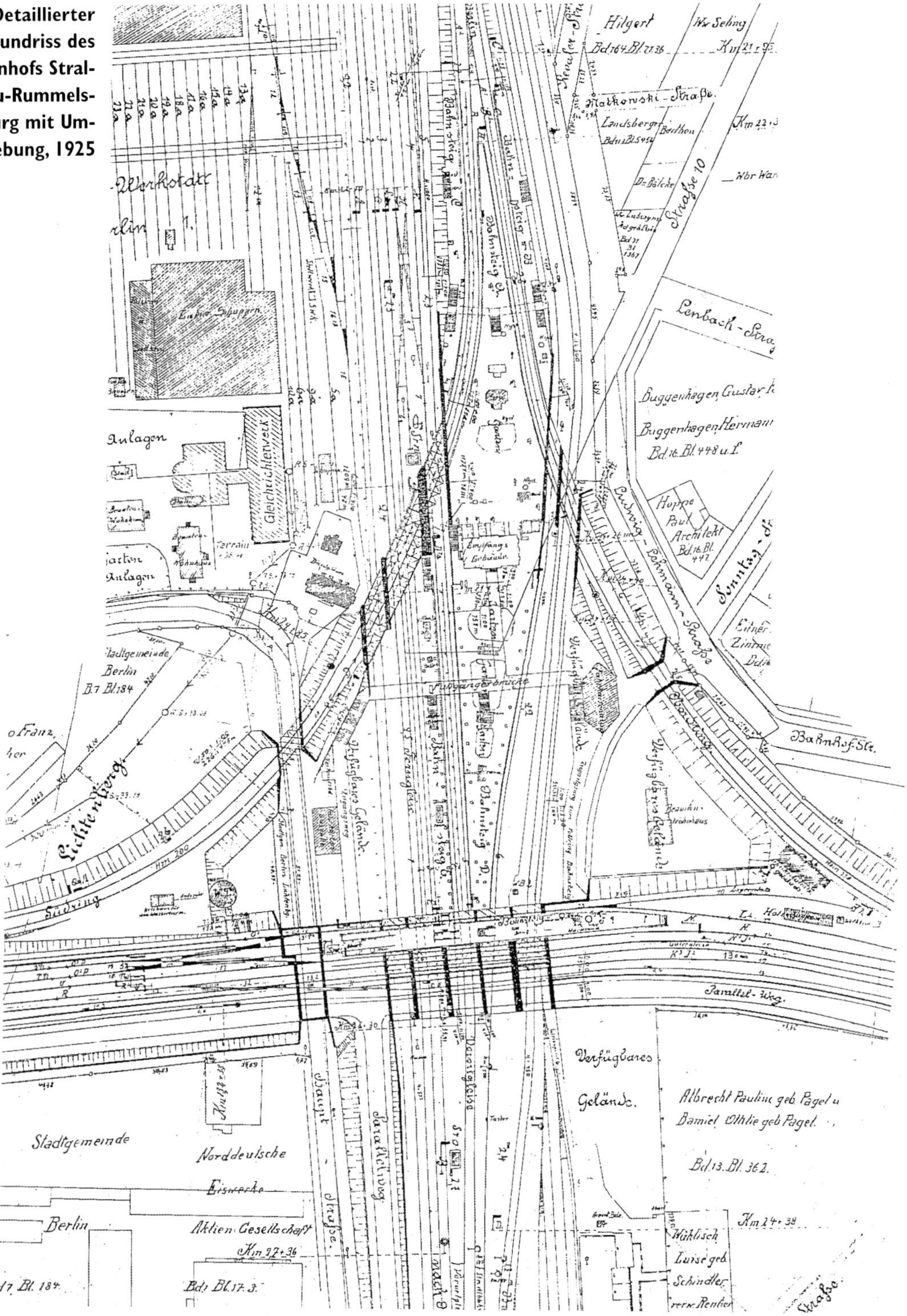

nelius, sowie das Stellwerk „Oks" mit einem gemauerten und geputzten Untergeschoss, auf das das Hauptgeschoss aus einem mit Klinkern ausgemauerten Stahlfachwerk gesetzt wurde.

Der Architekt Karl Cornelius

Der am 1. Juni 1868 in Berlin geborene Karl Cornelius ist ein für Berliner Verkehrsbauten bekannter Architekt. Bis 1891 studierte er an der Technischen Hochschule Charlottenburg Architektur. Seit Ende 1895 war er als „Directions-Hülfsarbeiter" an der Königlichen Eisenbahndirektion Berlin tätig. Erste eigenständige Gestaltungsleistungen von ihm finden sich an den zwischen 1899 und 1903 entworfenen Neubauten der Bahnhöfe an der Strecke nach Erkner.

Nach einer kurzen Zwischenphase 1904/05 als Hochbaudezernent folgte seine Versetzung nach Mainz. In der Position eines Landesbauinspektors leitete er dort die Fertigstellung des Hauptbahnhofs und entwarf das – zweite – Empfangsgebäude des Bahnhofs Kreuznach im „modernisierten Barockstil". 1909 kehrte Cornelius als Regierungs- und Baurat nach Berlin zurück und arbeitete unter anderem bis 1916 an den neuen Vorortbahnhöfen der Stettiner Bahn mit, wobei Typenentwürfe für Bahnsteigmöbel und -aufbauten entstanden. In jenen Jahren erschienen auch zahlreiche Zeitschriftenaufsätze von Cornelius und das Buch „Eisenbahn-Hochbauten". Großzügigkeit und logisch organisierte Grundrissgestaltung zeichnen seine Bauten aus dieser Zeit aus.

Mit seiner Berufung zum Ministerialrat im Ministerium der öffentlichen Arbeiten 1921 und zum Reichsbahndirektor des Hochbaureferats in der Hauptverwaltung 1924 wurde er oberste Fachinstanz für alle Bahnbauvorhaben im Reich. 1933 wurde Cornelius nach Erreichen der Altersgrenze pensioniert und starb am 15. Januar 1938.

Der Wasserturm des Architekten Cornelius aus dem Jahre 1912 wurde zum weithin sichtbaren Wahrzeichen des Bahnhofs Ostkreuz (Foto von 1991)

Bis zum Kriegsbeginn 1914

Mit der Errichtung des Wasserturms waren die Bauarbeiten am Bahnhof Stralau-Rummelsburg keineswegs abgeschlossen. In den Jahren 1913 bis 1914 wurde ein auf Stützen errichtetes Empfangsgebäude über dem Bahnsteig D geplant, das über eine Fußgängerbrücke von der Haupt- zur Sonntagstraße zu erreichen sein sollte. Von dort waren über eine kurze Fahrgastbrücke sowie Treppenhäuser die Zugänge zu den Bahnsteigen E und D, über einen aufgestelzten Verbindungsgang und

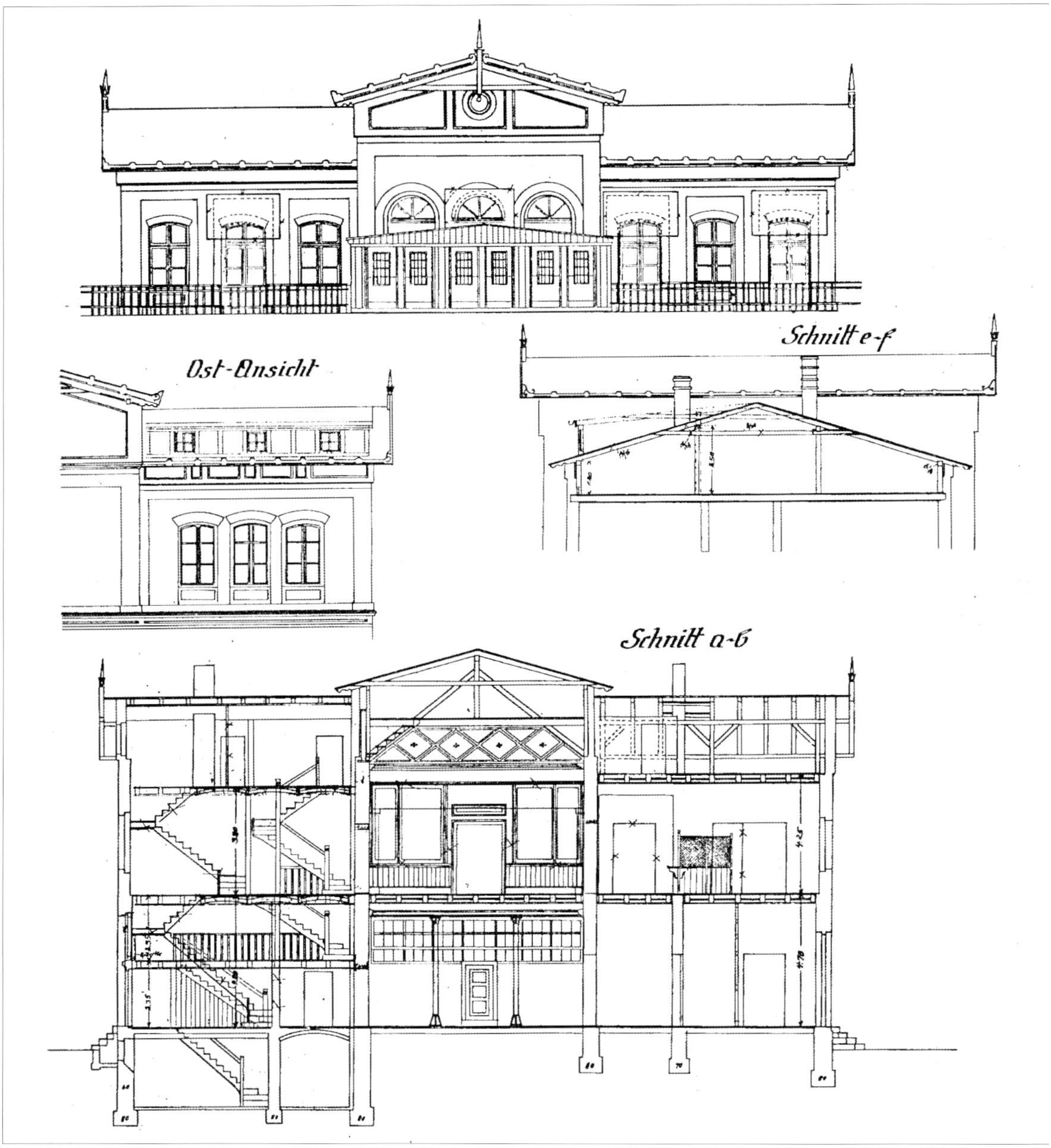

das Obergeschoss des alten Empfangsgebäudes der Zugang zum Bahnsteig A vorgesehen. Der Architekt war wieder Karl Cornelius. Das Bauwerk wurde vermutlich wegen des Ersten Weltkrieges nicht ausgeführt, wohl aber das Stellwerk „Oko", dessen Entwurf von Karl Cornelius gezeichnet worden war. So blieb es bei dem Dienstgebäude, dem Bahnsteig A vorgesetzt, einem würfelförmigen Klinkerbau mit flachem Pappdach sowie abgeschrägten Ecken an der Westseite. In diesem Bauwerk befand sich auch das Stellwerk „Srv".

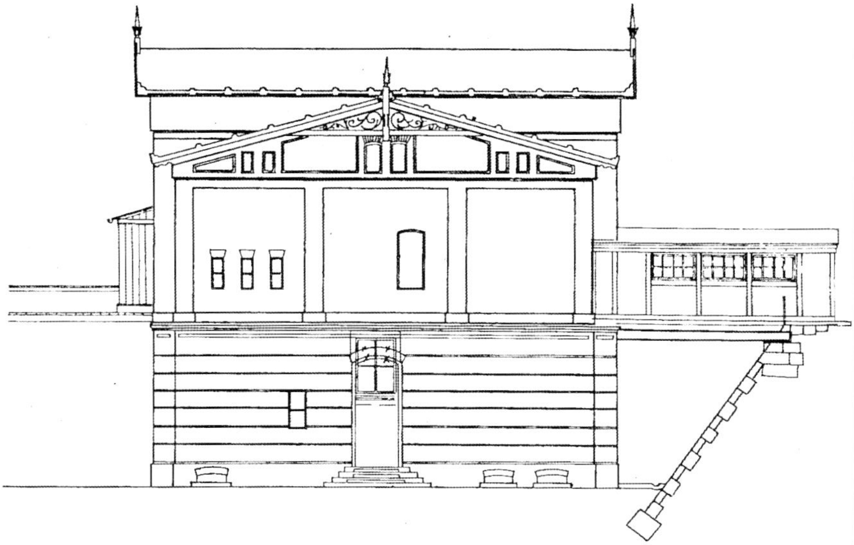

Schnitt c-d

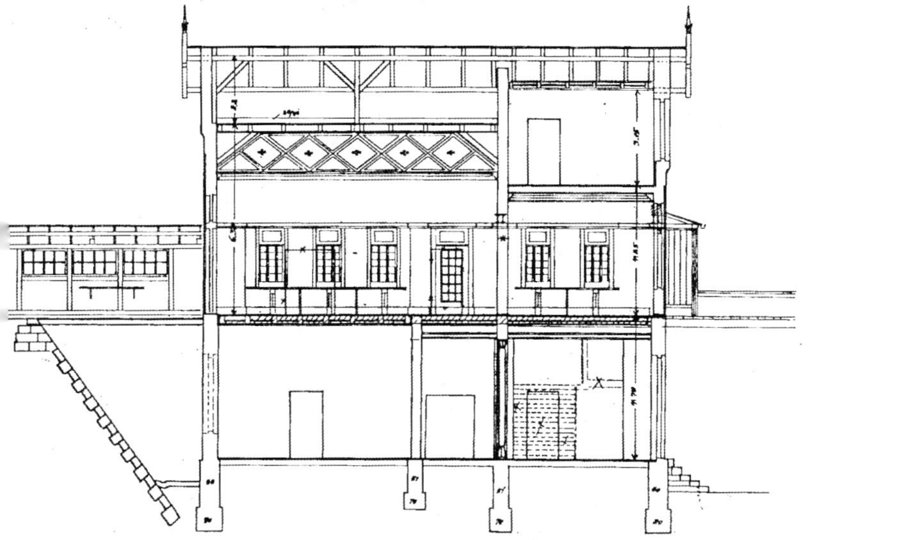

Das alte Empfangsgebäude wurde nach Entwürfen des Architekten Richard Brademann aus dem Jahre 1922 umgebaut. Brademann prägte maßgeblich das Bild der Berliner Eisenbahnbauten in den zwanziger und dreißiger Jahren

1914 ging der neue Abstellbahnhof in Rummelsburg für Fernzüge in Betrieb, und nach Kriegsende wurde zwischen dem Anschluss der Südringkurve und Treptow ein drittes Gleispaar – niveaufrei zur Ringbahn – verlegt, wozu die Spreebrücke ein zweites Mal gebaut werden musste. Das Stellwerk „Slb" kam von der West- auf die Ostseite der Bahnanlage, über das Anschlussgleis zum Osthafen in der Kynaststraße. Erst 1921 sollen das fünfte und sechste Gleis in Betrieb genommen worden sein. 1923 wurden, um die Fahrgastströme zu den

Ein elegant geschwungenes „S" in den Farben Weiß und Grün ist seit dem 1. Dezember 1930 Markenzeichen und Qualitätsbegriff für die Berliner Stadt-, Ring- und Vorortbahnen.

Bahnsteigen zu bündeln, die Empfangsgebäude Süd (an der Hauptstraße/Markgrafendamm) und Nord (an der Sonntagstraße) mit seitlich angelagerten Ladenbauten sowie eine offene Fußgängerbrücke vom Nordeingang zu den Bahnsteigen D und E und zum Südeingang erbaut . Ein Abzweig, allgemein als „Rennbahn" bezeichnet, führte zum alten Empfangsgebäude.

Drei Jahre später erhielt die Fußgängerbrücke eine Überdachung und Fensterbänder. Alle vorgefundenen Pläne zur architektonischen Gestaltung des S-Bahnhofs Stralau-Rummelsburg bzw. Ostkreuz aus den zwanziger Jahren weisen die Unterschrift Richard Brademanns auf. Auch stilistische Vergleiche mit anderen, nachweislich von ihm entworfenen Bauten lassen keinen Zweifel

Einer der modernen 480-er. Seine Lackierung konnte sich nicht durchsetzen, die Berliner wollen traditionell unten Rot, oben Gelb

daran, dass die Architektur der Fußgängerbrücke und der Empfangsgebäude an Sonntagstraße und Hauptstraße seine Leistung ist.

Der Architekt Richard Brademann

Wenn ein Architekt den Berliner Eisenbahnbauten ihre Gestalt gegeben hat, dann war er es. Brademann ist als einer der Architekten anzusehen, die in den zwanziger Jahren das Bild Berlins als Metropole im Aufbruch zur Moderne wesentlich geprägt haben.
Hauptsächlich bekannt wurde er durch seine Entwürfe der Stromversorgungsbauten (besonders der eindrucksvollen Gleichrichterwerke), die in den zwanziger und dreißiger Jahren für die Elektri-

1923 wurde die Fußgängerbrücke – zunächst noch offen – zwischen den Empfangsgebäuden Süd und Nord gebaut. Drei Jahre später erhielt sie eine Überdachung und ihre markanten Fensterbänder auch über den Treppenabgängen

Die vom Architekten Richard Brademann entworfene Fußgängerbrücke war 1926 überdacht worden. Die jetzige Überdachung entstand bei der Beseitigung der Kriegsschäden im Jahre 1948

fizierung der Berliner Stadt-, Ring- und Vorortbahnen notwendig waren. Der am 17. Mai 1884 in Halberstadt geborene Architekt entwarf auch Stellwerke und viele Empfangsgebäude. Dabei entwickelte er eine eigenständige stilistische Interpretation des zu jener Zeit beliebten Materials Backstein, wobei es ihm gelang, das Streben nach ausdrucksvoller Gestaltung immer stärker den Kriterien Klarheit und Sachlichkeit unterzuordnen.

Die Bauhistorikerin Susanne Dost sieht seine Stellung in der Reichsbahndirektion Berlin so: „Brademann leitete ab 1920 ein eigenes Dezernat innerhalb der Hochbauabteilung. Zumindest von 1927 bis 1934 war er – zusammen mit Fritz Hane und Hugo Röttcher – als einer von drei Dezernenten der Hochbauabteilung tätig, wobei Röttcher der unmittelbare Vorgesetzte war. Im April 1934 übernahm Brademann dessen Stelle als leitender Architekt der Hochbauabteilung. Die Zuständigkeiten und damit die Verantwortlichkeiten dieser drei Architekten lassen sich teilweise nicht mehr eindeutig nachvollziehen. Auffallend ist jedoch, dass Brademanns Dezernat für die überwiegende Mehrheit der in diesen Jahren entstandenen Entwürfe zuständig gewesen ist.“ [14] 1945 wurde der Abteilungs-Präsident Brademann seines Dienstes enthoben, ohne dass in der Mitteilung ein Grund angegeben ist. Vermutlich war die Mitgliedschaft in der NSDAP suspekt. Der

Das Empfangsgebäude Süd im Zustand vom August 1999

Den Bauplan für das Stellwerk „Oko", zwischen den Gleisen von Lichtenberg und von Rummelsburg liegend, zeichnete der Architekt Cornelius. 1999 ist der Ursprungszustand nur noch mit viel Fantasie zu erahnen

Junggeselle Brademann lebte vereinsamt in Berlin und starb hier am 20. April 1965.

1928 hatte die „Große Elektrisierung" der Stadt-, Ring- und Vorortbahnen den Bahnhof Stralau-Rummelsburg erreicht. Die Bahnsteige wurden auf 96 cm über Schienenoberkante erhöht; in der Nähe des Bahnhofs das Gleichrichterwerk und die Schaltwarte in Betrieb genommen (siehe 5. Kapitel), und die neuen Züge fuhren auf der Stadtbahn sowie zu den Vorortbahnhöfen Erkner, Grünau, Kaulsdorf und über die Südringkurve. Seit 1929 fuhren auch auf dem Nordring und über die Nordringkurve die Züge elektrisch.

Das war für die Deutsche Reichsbahn das Signal, etwas für das Marketing zu tun – wie man heute sagt. Die Berliner Stadt-, Ring- und Vorortbahnen sollten der Inbegriff von Schnelligkeit, Pünktlichkeit und Zuverlässigkeit sein. Dafür wurde ein Symbol geschaffen, das am 1. Dezember 1930 als Markenzeichen und Qualitätsbegriff eingeführt wurde: das weiße „S" auf grünem Grund. Die Zeitschrift „Die Reichsbahn", das amtliche Nachrichtenblatt der DRG, schrieb dazu am 25. Dezember 1930: „Die Berliner Stadt-, Ring- und Vorortbahnen werden künftig ‚S-Bahn' heißen. Soweit es die Mittel gestatten, beabsichtigt die Reichsbahndirektion [Berlin – die Verf.], nach und nach Tafeln und Transparente anzubringen, auf denen ein weißes ‚S' auf grünem Grund weithin leuchtet."

1933 wurde das Stellwerk „Vsr" in Betrieb genommen, ein Stellwerk mit nur vier Hebeln, „das es in sich hatte", wie Eisenbahner, die es noch kannten, bestätigten. [5] Am 15. Mai des selben Jahres gab die Reichsbahndirektion Berlin dem Bahnhof Stralau-Rummelsburg die Bezeichnung Ostkreuz analog zum Bahnhof Westkreuz, der nach Bley „gleichfalls im Zuge der Elektrifizierung seine Gestalt erhielt". [3] Auch Westkreuz ist ein Umsteigebahnhof. Ihm fehlen die zergliederten Bahnanlagen, und er kam und kommt, was die Frequenz der Reisenden angeht, an die Bedeutung des Ostkreuzes nicht heran.

5) Die Aufgaben dieses Stellwerks gingen auf das Stellwerk „Wro" über (siehe 3. Abschnitt)

3. Von Ostkreuz bis „Rostkreuz“

Als ein „Museum im Betrieb“ bezeichnet der Berliner Schriftsteller Horst Bosetzky den Bahnhof Ostkreuz. Rost gehört zu seinem unverwechselbaren Charme

Oft wird behauptet, der Bahnhof Ostkreuz habe erst „im Zuge der Elektrifizierung“ – gemeint ist die „Große Elektrisierung“ bis 1929 – seine Gestalt erhalten. Aber das stimmt nicht. Die charakteristische Bahnhofsanlage mit der Kreuzung von Ring-, Ost- und Schlesischer Bahn sowie den beiden Kurven zur Ringbahn entstand, wie im zweiten Abschnitt beschrieben, vor über hundert Jahren, als der Bahnhof Stralau-Rummelsburg eröffnet wurde.

Die Anlage blieb im Wesentlichen bis heute in dieser Gestalt erhalten. Der vorübergehende Zustand nach dem Zweiten Weltkrieg, die Strecke von und nach Erkner betreffend, sowie die kleinen Veränderungen werden in diesem Abschnitt beschrieben.

So sympathisch manchem Mitbürger ein Zustand zu sein scheint, der die alten Zeiten konserviert, so unhaltbar wurde er. Der Zahn der Zeit nagte unaufhörlich an den Hochbauten und

Vom Ostkreuz zum Westkreuz. Wer die Strecke nicht gefahren ist, kennt Berlin nicht …

Gleisanlagen, und die Instandhaltung hielt mit den Erfordernissen keinesfalls Schritt. So fand sich in den achtziger Jahren für den Bahnhof der treffende Spitzname „Rostkreuz“.

Umbaupläne auf dem Papier

Bereits 1937 hatte die Deutsche Reichsbahn an einen Umbau des Bahnhofs gedacht. Das Projekt arbeitete der bei der Reichsbahndirektion Berlin angestellte Architekt Fritz Hane aus, der unter anderem bei dem Umbauprojekt des Bahnhofs Friedrichstraße federführend und für den Entwurf des Bahnhofs Reichssportfeld sowie den Neubau des Reichsbahnausbesserungswerkes Niederschöneweide verantwortlich war. Das Umbauprojekt Ostkreuz stand im Zusammenhang mit der gigantischen Umgestaltung Berlins, zu der auch der Umbau des Eisenbahnnetzes gehörte. Neben einem Personenbahnhof Nord und einem Personenbahnhof Süd war östlich des Bahnhofs Ostkreuz ein Ostbahnhof vorgesehen, und der Bahnhof Ostkreuz hätte an diese Bahnhofsanlage angepasst werden müssen. Einzelheiten sind [13] zu entnehmen. Wenn auch hier und da einiges gebaut wurde, das Gesamtprojekt wie die Umbauvorhaben in Ostkreuz blieben Papier.

Den größten Einschnitt in die Bausubstanz brachten die Kriegszerstörungen 1944/1945. Ihnen fielen das alte Empfangsgebäude auf Bahnsteig D, der Verbindungsgang zur Fußgängerbrücke, die Stellwerksgebäude auf Bahnsteig A, der Südteil der mittleren Fußgängerbrücke mit den Treppenhäusern zum Bahnsteig E, der Südausgang und die Brücke, die auf Bahnsteig A von jenen benutzt werden konnte, die nur die Bahnhofsanlagen durchschreiten wollten, zum Opfer.

Als Ersatz für das zerstörte Empfangsgebäude wurde 1948 das nördliche Empfangsgebäude (an der Sonntagstraße) geringfügig umgebaut und ein Büroraum von der Bahnhofshalle abgetrennt, was die Zahl der Fensterachsen an der Westfront des Gebäudes von fünf auf vier verringerte. 1950 kam es zur Instandsetzung des Südteils der Fußgängerbrücke und der Treppen, ohne sie zu überdachen.

Unmittelbar nach dem Ende des Zweiten Weltkriegs hatten sowjetische Eisenbahnpioniere von Brest über Frankfurt (Oder) – Berlin bis Potsdam eine Breitspurstrecke verlegt, deren Zugbetrieb Sache der sowjetischen Militäreisenbahner war. Nachdem am 11. August 1945 durch Befehl Nummer 8 [1] der Sowjetischen Militäradministration in Deutschland (SMAD) zum 1. September 1945 der Eisenbahnbetrieb in der Sowjetischen Besatzungszone den deutschen Eisenbahnern übergeben wurde, gab es in Berlin zwei Betriebsführungen: auf Normalspur durch deutsche Eisenbahner – überwacht von sowjetischen Offizieren – und auf Breitspur durch sowjetische Militäreisenbahner.

Zum Spätsommer 1945 kam der, wenn auch sehr eingeschränkte, zivile Eisenbahnverkehr nach und nach wieder in Gang. Für den Nahverkehr hatten die Militäreisenbahner vorübergehend S-Bahngleise mit Fernbahngleisen verbunden. Dadurch konnten die Züge zwischen Lichtenberg-Friedrichsfelde, seit 11. Juli 1945 von Biesdorf, und dem Schlesischen Bahnhof und weiter auf der Stadtbahn fahren, obwohl die VnK-Strecke noch nicht wieder befahrbar war. Der S-Bahnbetrieb zwischen Ostkreuz und Schlesischem Bahnhof ging als Pendelverkehr erst am 5. November 1945 wieder in Betrieb.

Auf der Ringbahn setzte der Zugverkehr bereits am 21. Juni 1945 ein. [2] Ab Gesundbrunnen sollten die Züge um 6.58 Uhr und 17.38 Uhr nach Ostkreuz fahren, in der Gegenrichtung ab Ostkreuz um 7.20 Uhr und 18.00 Uhr. Frei-

1) Dieser Befehl ist im Original nie veröffentlicht worden, nur als eine unbeglaubigte Übersetzung.

2) Man liest auch: am 11. Juli 1945.

Wiederaufbauarbeiten am S-Bahn-Streckengleis Richtung Erkner im Bahnhof Ostkreuz, März 1947

Bis 1998 war das seitdem stillgelegte Stellwerk Berlin Ostbahnhof „B 7“ das älteste Stellwerk Berlins

lich stand im Fahrplan: „Solange die Stromschienenarbeiten zwischen den Bahnhöfen Schönhauser Allee und Gesundbrunnen noch nicht beendet sind, verkehren die Züge nur zwischen Ostkreuz und Schönhauser Allee.“

Auch von Ostkreuz nach Treptower Park war wegen der gesprengten Spreebrücke der Zugverkehr nicht möglich. Die Reisenden, die die beiden Züge ab 7.48 Uhr und 18.28 Uhr nach Papestraße erreichen wollten, mussten zum Bahnhof Treptower Park laufen. Fußgänger konnten eine Brücke benutzen.

Ab 21. November 1945 konnte die S-Bahn zwischen Ostkreuz und Treptow wieder über die Spree fahren. Die am 28. Januar 1946 eingerichtete 20-Minuten-Folge zwischen Ostkreuz und Friedrichstraße musste am 28. Februar wegen Zunahme der Brückenschäden auf dem Schlesischen Bahnhof und dem Bahnhof Alexanderplatz wieder aufgegeben werden. Am 18. Mai 1946 war der Vollring wieder hergestellt, so dass er ohne Umsteigen im 10-Minuten-Abstand befahren werden konnte.

Seit 21. Juli 1946 fuhren wieder durchgehende Züge von Ostkreuz über die Stadtbahn; nach anderen Quellen bestand sogar vom 22. Juni 1946 an durchgehender S-Bahnbetrieb von Mahlsdorf nach Spandau.

Keine S-Bahn nach Erkner

Nur die Strecke Ostkreuz – Erkner blieb ohne S-Bahnverkehr. Die deutschen Eisenbahner hatten auf Befehl der sowjetischen Soldaten sogleich nach der Kapitulation beide Gleise entfernen müssen [3], angeblich als Reparation in die UdSSR. Das verwundert, denn auf fast allen anderen Strecken durfte wenigstens ein Gleis bleiben, zwischen Ostkreuz und dem Schlesischen Bahnhof sogar beide Gleise der von Lichtenberg kommenden Strecke.

Vermutet wird, dass die Strecke unmittelbar neben dem Breitspurgleis lag, über das Stalin und andere Moskauer Potentaten fuhren und dass wegen der Sicherheitsbedenken kein anderer Zugverkehr in dieser Nachbarschaft geduldet wurde. Schlüssig ist diese Erklärung nicht, denn man hätte wenigstens ein Gleis für die S-Bahn liegen lassen und während des Zugverkehrs mit Sicherheitsstufe auf dem Breitspurgleis jeglichen benachbarten Zugverkehr zurückhalten können. Abgesehen davon, dass nur das Gleis Berlin – Frankfurt (Oder) auf Breitspur umgenagelt worden war – zwischen ihm und den S-Bahngleisen lag das eine Normalspurgleis Frankfurt (Oder) – Berlin, das die

3) Vermutlich ist die Erkner-Strecke vom Schlesischen Bahnhof an abgebaut worden, denn ein Foto von der Warschauer Brücke zeigt die Bettung ohne Gleise.

Die Aufsicht gibt den Abfahrauftrag über die Schlüsseltaste

Zwischen Ostkreuz und Treptower Park, kurz vor der Spreebrücke, befindet sich noch immer das Stellwerk „Tnt“ (Treptow Nordturm), obwohl es seit Juni 1988 mit der Einrichtung des Automatischen Streckenblocks AB 70 entbehrlich wurde

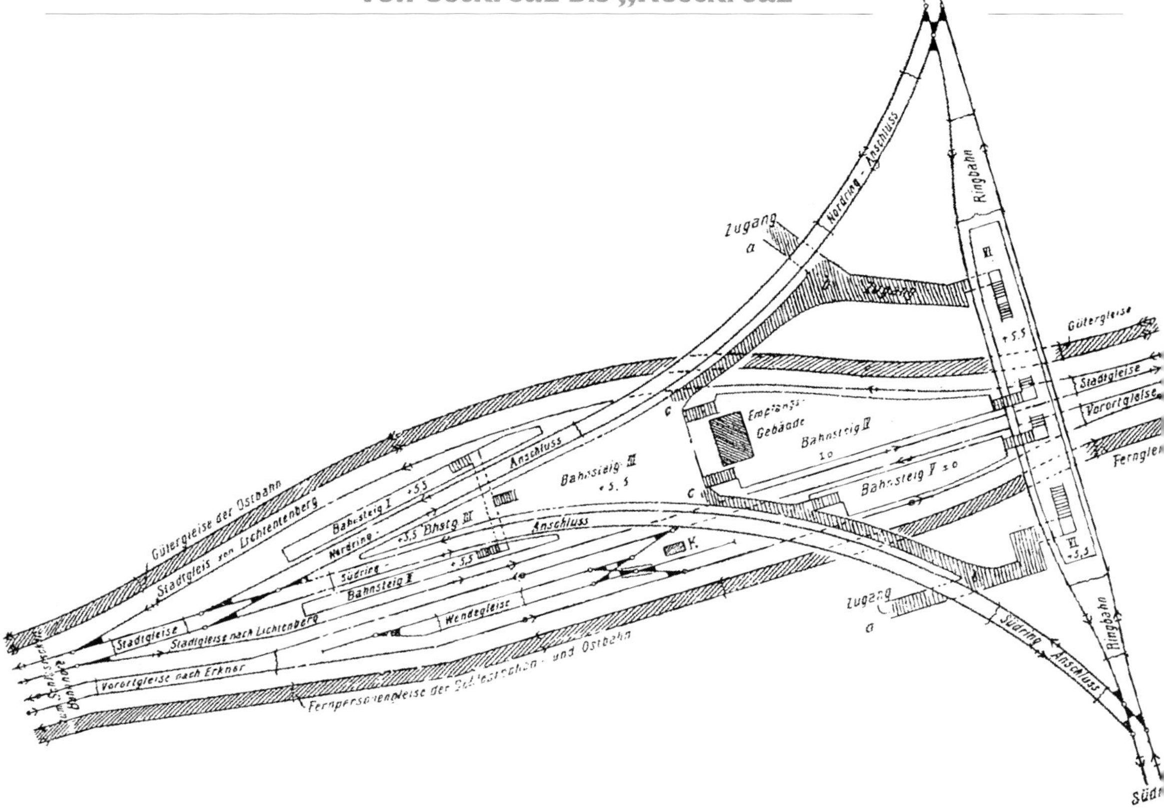

Der Gleisplan von 1907 zeigt die charakteristische Bahnhofsanlage mit der Kreuzung von Ring-, Ost- und Schlesischer Bahn sowie den beiden Kurven zur Ringbahn

4) Das 1946 gebildete Reichsbahnamt 6 – zuständig für den Nordosten Berlins – hatte seinen Sitz im Übernachtungsgebäude des Verschiebebahnhofs Berlin-Pankow. 1953 wurde es mit dem Reichsbahnamt Berlin 5 (Wustermark) zusammengelegt.

Sowjets tolerierten. Zum Abbau der S-Bahngleise werden sie gemeint haben, wozu brauchen die Deutschen in den Wäldern des Berliner Ostens so viele Gleise?

Die Folge war: Wer vom Bahnhof Ostkreuz nach Karlshorst, Friedrichshagen oder Erkner reisen wollte, musste die Straßenbahn oder die S-Bahn nach Spindlersfeld und von dort aus das Schiff benutzen!

Nach Bley soll die Sowjetische Militäradministration 1946 den Wiederaufbau wenigstens eines Gleises nach Erkner als unbegründet abgelehnt haben, worauf die Deutsche Reichsbahn auf den Ferngleisen dampfbetriebenen Vorortverkehr einrichtete. [3] Ein solcher mit fünf Zugpaaren verband vom 18. Mai bis zum 9. August 1946 Ostkreuz mit Fürstenwalde (Spree), wofür im Bahnhof Ostkreuz ein Notbahnsteig aufgeschüttet werden musste. Zu ihm gelangte man vom unbenutzten Bahnsteig E aus. Nach dem 9. August begannen und endeten diese Züge auf dem Schlesischen Bahnhof.

Versuche, zur Normalität zurückzukehren

1947 begann der Wiederaufbau der S-Bahngleise. Am 20. Mai wurden 330 Arbeitskräfte eingesetzt, unterstützt von sogenannten Jungeisenbahnern in „freiwilligen“ Arbeitseinsätzen. Wie freiwillig die Angelegenheit wirklich war, geht aus der von der Jugendkommission des Reichsbahnamtes Berlin 6 [4] herausgegebenen „fliegenden Wandzeitung“ hervor. Redakteure waren Kornek, Grohmann, Klein, die bis 1990

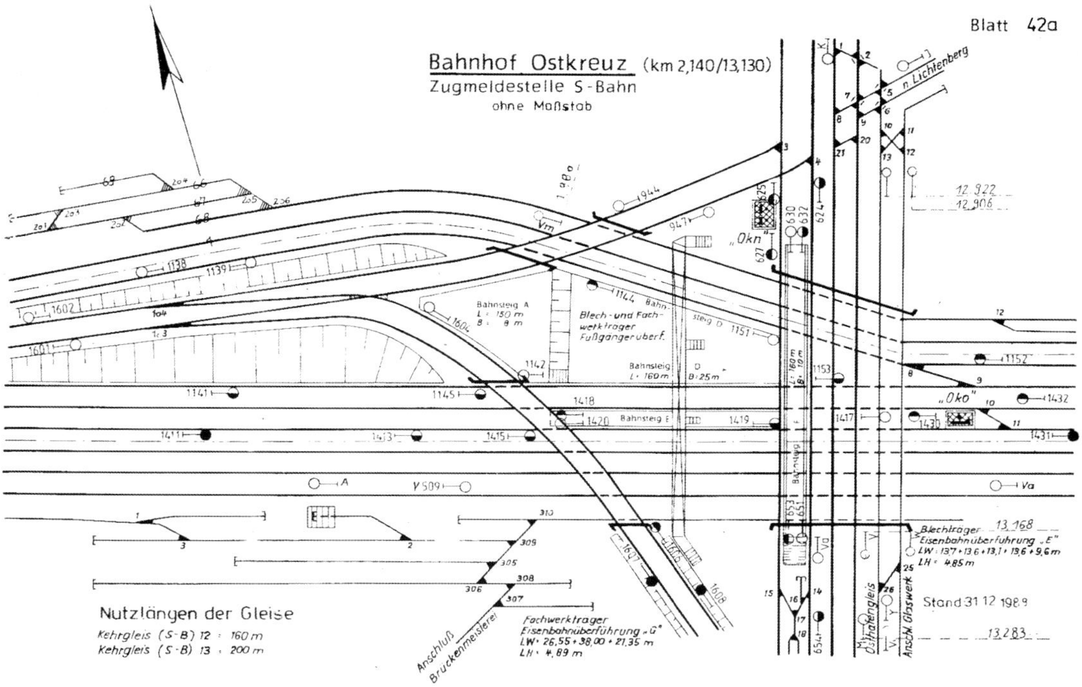

einigermaßen bekannt waren. [5] Im November 1948 schrieben diese Redakteure: „Wir rufen hiermit zum freiwilligen Einsatz beim Aufbau der Erkner-Strecke auf. Warum machen wir das? Warum Euch und uns Arbeit schaffen? Nein, das ist nicht allein der Grund! Wir als Jugend möchten nur zeigen, daß wir gewillt sind, einen Teil der Schuld mit abzutragen, die durch den wahnsinnigen Krieg auf uns lastet! Wir wollen damit beweisen, daß wir mithelfen wollen beim Wiederaufbau unserer Heimat! Wenn wir dort am 23. 5. 48 als Jugendliche zeigen was wir können, so bauen wir nicht nur ein Stück unserer Heimat auf, sondern wir schaffen, daß auch unsere Eisenbahn, mit der wir ja wohl alle stark verbunden sind, sich wieder ein Stück weiter dem friedensmäßigen Zustand von einst nähert. Kollegen, enttäuscht uns nicht! Zeigt, daß die Jugendlichen des Reichsbahnamtes Bln 6 gewillt sind, nicht hinter den Jugendlichen der anderen Ämter der Reichsbahndirektion Berlin zurückzustehen. Wir wollen auch diesmal, wie überhaupt in der Jugendarbeit mit gutem Beispiel vorangehen."

Die Schienen für den Wiederaufbau waren von der Strecke Strausberg – Kietz, die als wichtige Nachschubverbindung der sowjetischen Armee zweigleisig geblieben war, und von anderen Stellen im Reichsbahndirektionsbezirk gewonnen worden. Ein Teil dieser Schienen wurde jedoch in die UdSSR abtransportiert.

Weltfestspiele: Jeden Tag 3.500.000 S-Bahn-Fahrgäste!

Bis zum 2. November 1948 war die Strecke nach Erkner wieder in Betrieb. Zu dieser Zeit sind auch die zerstörten Stellwerke aufgebaut und der automatische Streckenblock bis Karlshorst in Betrieb genommen worden. Behelfsmäßig hergerichtet wurde die Fußgängerbrücke zum Ausgang Markgrafen-

Der Plan von 1989 weist beträchtliche Veränderungen auf: Das Empfangsgebäude existiert nicht mehr, und die Kehranlage westlich von Bahnsteig E ist beseitigt

5) Kornek war Leiter des Drucksachenverlages, 1993 ausgeschieden, Klein Zugrevisor beim Reichsbahnamt Berlin 1, Grohmann 1988/1989 Stellvertreter des Ministers für Verkehrswesen und Leiter der Politischen Verwaltung der Deutschen Reichsbahn. Am Tag des Mauerfalls meldete er sich krank, tauchte unter und ließ seine Genossen im Stich.

Bei der Elektrifizierung der Fernbahngleise zwischen Ostbahnhof und Rummelsburg kam wegen der niedrigen Brücken eine Sonderbauart der Fahrleitung zum Einsatz

damm. Der Brückenträger stammt vom Bahnhof Hoppegarten (Mark) (siehe auch 4. Kapitel).
Ausgebaut für die Reparation in die UdSSR blieb die zweigleisige Nordkurve, die aber für den S-Bahnbetrieb nie wichtig gewesen war. So wie alle anderen Strecken wieder in Betrieb waren und die Züge in dichter Frequenz verkehrten, war der Bahnhof Ostkreuz auch wieder ein wichtiger Umsteigepunkt im S-Bahnverkehr geworden.
Im Berufsverkehr und bei Großveranstaltungen wie zum 1. Mai waren die Bahnsteige schwarz von Menschen. Die mehrmals in Berlin stattfindenden „Manifestationen der Jugend" erforderten von den Eisenbahnern der S-Bahn immer besondere Anstrengungen, nicht nur bei der An- und Abreise

aus den Städten der „Republik", auch für die Fahrten zu den Veranstaltungen in den verschiedenen Stadtbezirken und zu den Quartieren. Die Bahnhöfe wurden bei solchen Anlässen in ein Fahnenmeer getaucht und allerlei Transparente mit Losungen angebracht.
Zum 1. Deutschlandtreffen der Jugend vom 27. bis 30. Mai 1950 kamen 300.000 Teilnehmer nach Berlin; die S-Bahn hatte in dieser Zeit 700.000 zusätzliche Fahrgäste. Für die Zeit der III. Weltfestspiele der Jugend und Studenten und der 11. Akademischen Sommerspiele vom 5. bis 19. August 1951 [6] musste die S-Bahn wegen der über die Stadt verteilten Quartiere und Veranstaltungsstätten mit täglich 3.500.000 Reisenden rechnen. Neben anderen Vorkehrungen wurde die Nordringkurve wieder zweigleisig aufgebaut und am 9. August 1951 in Betrieb genommen.
Dass der Bahnhof Ostkreuz immer mehr in Anspruch genommen wurde, hatte weitere Gründe. Als die im Westteil der Stadt gelegenen Kopfbahnhöfe seit 1952 nicht mehr von Fernzügen belegt wurden, konzentrierten sich Ankunft und Abfahrt dieser Züge auf Ost-Berlin. Deshalb war auch Berlin-Lichtenberg 1952 zum Fernbahnhof geworden. Die Umsteiger zur Stadtbahn oder zu anderen Fernbahnhöfen fuhren mit der S-Bahn über Ostkreuz. Mitte Dezember 1955 wurde zwischen Ostkreuz und Lichtenberg – für diese dicht belegte S-Bahnstrecke längst überfällig – der automatische Streckenblock eingeführt.

Seit dem 24. September 1984 stillgelegt, so steht das Gebäude des Stellwerks „Oks" immer noch am südlichen Ende des Bahnsteigs F (Foto vom August 1999)

6) Einlader war der kommunistisch beherrschte Rat des Weltbundes der Demokratischen Jugend. Die Festspiele konnten nur in der Hauptstadt der DDR (Ostsektor) stattfinden, der Senat von (West-) Berlin stand der Veranstaltung ablehnend gegenüber.

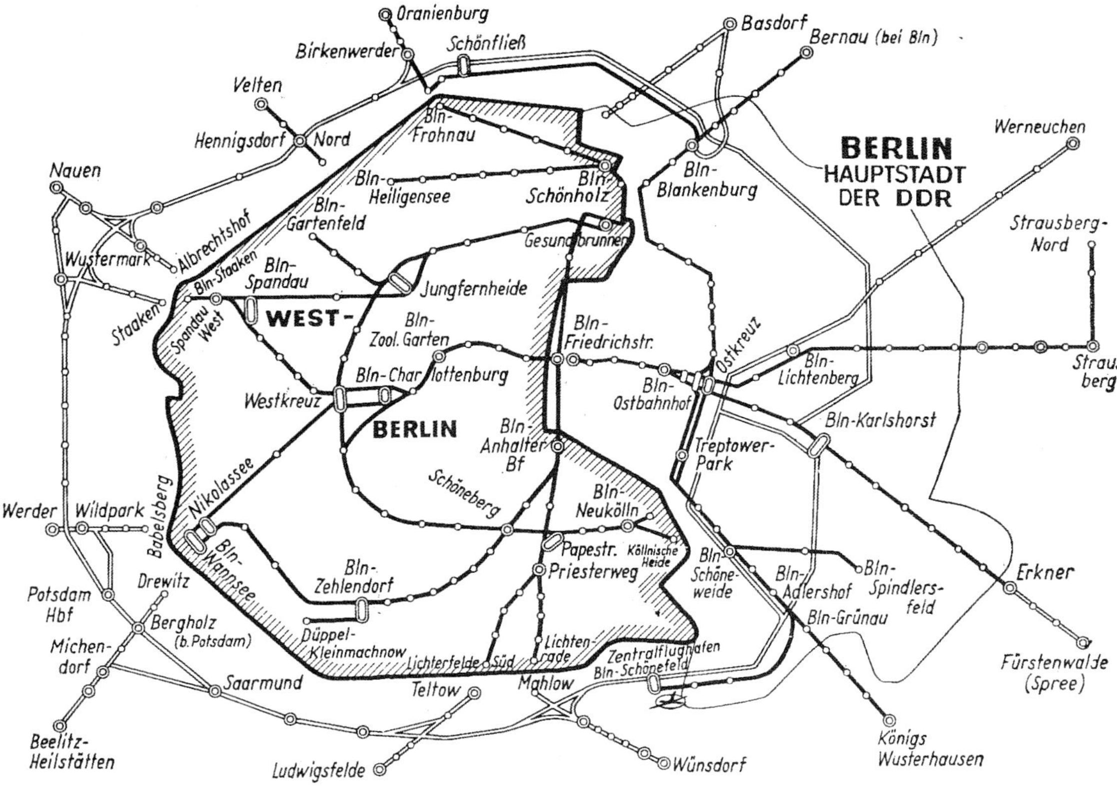

Streckennetz der Berliner S-Bahn und der Fernbahnstrecken nach dem Mauerbau 1961

Eine Eigenart der Reichsbahndirektion Berlin, die keine Rücksicht auf die Bedürfnisse der Fernreisenden nehmen musste, war es, die Nahverkehrszüge auf Bahnhöfen der Vororte (Oranienburg, Bernau, Erkner, Königs Wusterhausen, seit 1961 auch Flughafen Berlin-Schönefeld) enden zu lassen, die Fernzüge bestimmter Richtungen nicht auf einem Fernbahnhof zu konzentrieren, so dass beispielsweise die Züge nach Dresden von Berlin Ostbahnhof, -Lichtenberg oder -Schöneweide, von -Karlshorst und Baumschulenweg abfuhren oder hier ankamen. Hatten sich die Reisenden auf diese Abgangs- oder Zielbahnhöfe eingestellt, mussten sie sich zum nächsten Fahrplanwechsel umstellen. Die Reichsbahndirektion sortierte die Abfahrts- und Ankunftsbahnhöfe immer wieder anders. Ein Redakteur der „Fahrt frei", Zeitung der Eisenbahner, hatte einmal recherchiert, warum die kundenunfreundliche Organisation so sein musste und – im Einzelfall – plausible Erklärungen erhalten. Diese sollen hier nicht diskutiert werden; jedenfalls ergaben die Dezentralisierung der Abgangs- und Ankunftsbahnhöfe und der Massenverkehr, wie er auch im Fernverkehr vorherrschte, erhebliche Umsteigebewegungen zwischen den Bahnhöfen, die meist über den Bahnhof Ostkreuz führten.

1961: Noch mehr Verkehr

Nach dem Mauerbau am 13. August 1961 veränderte sich nochmals die Situation für den Bahnhof. Aus dem am Innenring gelegenen Umsteigebahnhof mit Verteilungsfunktion war ein zentraler Punkt im S-Bahnnetz der Hauptstadt der DDR geworden, über den der

Verkehr in Nord-Süd- und Ost-West-Richtung strömte. Dieser Verkehr nahm solche Dimensionen an, dass sogar eine elektrische S-Bahnverbindung Zentralflughafen Berlin-Schönefeld – Oranienburg von Grünauer Kreuz an auf dem Außenring über Wuhlheide – Karower Kreuz geplant war. Auch die Variante, zur Erschließung des Neubaugebiets und späteren Stadtbezirks Hellersdorf eine S-Bahnlinie von der Abzweigstelle „VnK" nach Hellersdorf zu führen, blieb unausgeführt. Dafür wurde die U-Bahnlinie Friedrichsfelde – Hönow gebaut, von der Deutschen Reichsbahn! Als die Neubaugebiete Marzahn, Hellersdorf und Hohenschönhausen entstanden und die dort wohnenden Werktätigen in das Stadtzentrum oder in das Industriegebiet von Treptow und Schöneweide pendelten, die neuen Strecken nach Marzahn [7] – Ahrensfelde (1976 bis 1982) und nach Hohenschönhausen – Wartenberg (1984) in Betrieb gingen, belastete dies den Bahnhof Ostkreuz zusätzlich; die einst nicht gerade stark benutzte Verbindung Stadtbahn – Lichtenberg – Friedrichsfelde war mit einem Mal zur dicht belegtesten S-Bahnstrecke geworden.

Verkehrsplaner rechneten 1979 in Spitzenzeiten, zwischen 6 Uhr und 8 Uhr sowie zwischen 16 Uhr und 18 Uhr, mit rund 35.000 Personen in der S-Bahn Ostkreuz – Friedrichsfelde Ost je Stunde. 1998 zählte die S-Bahn Berlin GmbH 554.000 Fahrgäste, die täglich über Ostkreuz fuhren – mehr als die Hälfte aller S-Bahnbenutzer in Berlin –, wovon rund 100.000 auf diesem Bahnhof umstiegen. [6] Inzwischen fast vergessen sind auch jene Reisenden, die im Berufsverkehr in Ostkreuz aus- oder zustiegen, weil sie in den umliegenden – und nach der Wende stillgelegten – Betrieben (siehe 5. Kapitel) arbeiteten oder Mitarbeiter des Staatlichen Rundfunkkomitees und des Rundfunks der DDR in der Nalepastraße waren. Dorthin fuhr von der Kehrschleife neben der Hauptstraße die Straßenbahnlinie 11, doch den 2000 Rundfunkmitarbeitern standen in der Hauptverkehrszeit zusätzlich Pendelbusse zur Verfügung, die zwischen der Nalepastraße und dem Südeingang fuhren.

Nicht weil es die Belastung des Bahnhofs geboten hätte, sondern weil es an Bau- und Reparaturkapazitäten fehlte, wurden 1966 die Bahnsteige B und C stillgelegt, Bahnsteig B 1970 und C im November 1978 abgebrochen. Der Verwaltung S-Bahn in der Reichsbahndirektion Berlin war die Stillegung der Bahnsteige schon deshalb recht, weil sie je Schicht zwei Vollbeschäftigteneinheiten (VbE) als Aufsicht einsparte. Die Züge von Frankfurter Allee nach War-

Nur drei Monate nach dem Mauerbau war die neue S-Bahn-Linie zwischen Oranienburg und Warschauer Straße eingerichtet worden, natürlich über Ostkreuz

7) 1980 wohnten in Marzahn rund 60.000 Menschen.

Berufsverkehr 6.40 Uhr am 10. Oktober 1972 auf Bahnsteig D. Eingefahren ist der Zug aus Strausberg nach Friedrichstraße. Nach Zählergebnissen von 1964 berührten 94 % aller Fahrgäste der elektrischen S-Bahn den Bahnhof Ostkreuz oder stiegen dort um

schauer Straße und von Warschauer Straße nach Treptower Park fuhren seitdem in Ostkreuz durch, worauf auf den vorgelegenen Bahnhöfen über Lautsprecher hingewiesen wird („Hält nicht in Ostkreuz!“).

Bereits 1974 hatte man den Fußgängerweg entlang der mittleren Stahlfachwerkbrücke der Südkurve beseitigt und einen Teil der Halle des Empfangsgebäudes an der Hauptstraße zu Verwaltungsräumen umgebaut.

Nur auf dem Bahnsteig A hielten noch die Züge: an der südlichen Bahnsteigkante die von Königs Wusterhausen und Flughafen Berlin-Schönefeld nach Friedrichstraße, an der nördlichen Bahnsteigkante die von Alexanderplatz oder Warschauer Straße nach Buch oder nach Blankenburg. Die Abgangs- und Zielbahnhöfe der hier haltenden Züge wechselten mehrmals; sie passten nicht so recht in die Belegung des Restes von Stadtbahn bis Friedrichstraße.

Theoretisch war der Verkehr vom Nordring zum Stadtzentrum über Ostkreuz überflüssig; die Reisenden vom Norden konnten in Schönhauser Allee in die U-Bahn umsteigen und bis zum Alexanderplatz oder zu den Stationen bis Otto-Grotewohl-Straße fahren, in deren Nähe eine Vielzahl von Ministerien und Institutionen saß. Doch die U-Bahn hatte im Berufsverkehr ihre Kapazitätsgrenze erreicht. Der Satz bei Fiegenbaum und Klee stimmt nicht: „Zu ‚DDR-Zeiten‘ hätte die Kappung einer Direkt-S-Bahn zwischen den beiden Ost-Berliner Regierungsvierteln Pankow und Mitte wohl kaum auf irgendeiner Tagesordnung gestanden.“ [7]

In Pankow empfing kein DDR-Staatsoberhaupt mehr, geschweige denn, dass es dort ein Regierungsviertel gab, und von einer Direkt-S-Bahn zum Sitz des Ministerrates in Mitte konnte keine Rede sein. Wer auf dem Nordring zur Arbeitsstelle im Stadtbezirk Mitte fuhr, sparte sich lediglich das Umsteigen in Schönhauser Allee und die Enge der U-Bahn, bezahlte das aber mit dem Umsteigen in Warschauer Straße oder Hauptbahnhof, wo die S-Bahnzüge dieser Linie endeten, und nochmals in Jannowitzbrücke, wo man auf den Autobus überging. Außerdem war die zeitweise im 30-Sekunden-Abstand verkehrende Buslinie 32 Mollstraße/

Hans-Beimler-Straße – Otto-Grotewohl-Straße und 32 E Jannowitzbrücke – Otto-Grotewohl-Straße hoffnungslos überbelegt. Erst als nach 1990 die Mitarbeiter der Ministerien abgewickelt worden waren, wie man die Kündigungen nannte, war die S-Bahnverbindung für den Massenverkehr durch die Nordkurve überflüssig. Der planmäßige Zugbetrieb über sie wurde am 28. Mai 1994 eingestellt.

Reduzierung der Bahnsteige

Wir kehren in das Jahr 1970 zurück. Der Abbruch der Bahnsteige B und C wurde von [2] wie von den Tageszeitungen kommentiert: „Die Außenbahnsteige sind inzwischen baufällig geworden, und da für ihre Benutzung der Bedarf auf nahezu Null sank, wurden sie stillgelegt und abgetragen." Der mangelnde Bedarf mochte sein; die Verkehrsströme hatten sich schon seit langem verändert. Ziemlich unbemerkt blieb auch der Abbruch der Bahnsteigtoiletten, die es auf den Bahnsteigen D, E und F gegeben hatte.

Der Abbruch der Bahnsteige war ein erstes Zeichen, wie es um den baulichen Zustand des Bahnhofs bestellt war. Der Zugverkehr und die Zahl der Reisenden, die den Bahnhof benutzten, hatte stetig zugenommen, ohne dass man wenigstens eine Instandhaltung betrieben hätte, die den Status quo sicherte. Der Bahnhof bot ein Bild des Verfalls, das nur deshalb nicht so ins Auge fiel, weil jedermann zu den Zügen hetzte und nicht länger als notwendig auf den

Mit der Eröffnung des S-Bahn-Verkehrs zum Neubaugebiet Marzahn am 30. Dezember 1976 und dem Zuglauf bis zum Bahnhof Warschauer Straße wurde der Bahnhof Ostkreuz abermals belastet

Der Minister für Verkehrswesen der DDR und Generaldirektor der Deutschen Reichsbahn, Otto Arndt, eröffnet am 20. Dezember 1984 eine weitere S-Bahn-Linie vom Neubaugebiet Hohenschönhausen ins Ostberliner Stadtzentrum

Bahnsteigen verweilte. Deshalb wird auch die „Blumeninsel“ auf dem Bahnsteig F mit dem sie umgebenden Bauzaun kaum als Schutz einer einbruchgefährdeten Stelle angesehen, eher die vorübergehende Sperrung der zum Südausgang führenden Brücke am 19. Oktober 1999.

Was sich auf den Bahnanlagen diesseits und jenseits von Ostkreuz veränderte, verbesserte kaum die technische Situation des Bahnhofs selbst, muss aber vom Chronisten erwähnt werden. Vom 17. Juli bis 22. Dezember 1981 wurden zwischen Pankow und Schöneweide die S-Bahngleise des Innenrings als Teil der „Zentralen Oberbauerneuerung der Deutschen Reichsbahn“ ausgewechselt. Das Besondere daran waren der Maschineneinsatz und die Arbeitszuglokomotive. Die war nicht, wie üblich, eine Diesellokomotive der Baureihe 106, sondern die 118 573. Die leistungsstärkere Diesellokomotive, die den Gleisjoch-Transportzug bewegte, war notwendig, weil mit ihm das Gleis Bahnsteig F – Treptower Park befahren werden musste. Bei der S-Bahn sind starke Neigungen der Gleise erlaubt, die ohne weiteres die Parameter von Steilstrecken erfüllen, wird doch jedes Drehgestell der elektrischen Triebwagen von einem Motor angetrieben.

Elektrifizierung der Fernbahngleise

Zu den Arbeiten an den Bahnanlagen um Ostkreuz gehörte auch die Elektrifizierung der Strecke Berlin Ostbahnhof bzw. Berlin Ostgüterbahnhof nach Berlin-Rummelsburg sowie Abzweigstelle

Dem Bahnsteig A (im Vordergrund) lag der Bahnsteig B für die Züge von Frankfurter Allee nach Warschauer Straße gegenüber – auf dem Foto hinter dem S-Bahn-Zug. Inzwischen wuchert hier die Vegetation aus dem Schotter

Die baulichen Anlagen des Bahnhofs Ostkreuz bieten schon 1984, als diese Aufnahme von der Zugangstreppe zwischen der Fußgängerbrücke und dem Bahnsteig E entstand, ein Zeichen des Verfalls. Wie zum Hohn mutet da die Werbung der Staatlichen Versicherung der DDR an der Fußgängerbrücke an: vorsorgen – versichern: gesichert sein

Im gleichen Jahr, als die Aufnahme oben entstand, wurde auch intensiv gebaut: Fahrleitungsmontage für die Fernbahngleise der Ringbahn am Bahnhof Ostkreuz

„VnK“ nach Biesdorfer Kreuz Südwest. Die Oberleitung wurde am 31. Mai 1987 unter Spannung gesetzt. Wegen der Brücken musste eine Sonderbauart von Oberleitung gewählt werden. Elektrisch geförderte Züge dürfen nur bis zu 100 km/h fahren, der Oberbau ließe jedoch 120 km/h zu. Auf 430 m Länge, unter den Fern- und S-Bahngleisen der Ringbahnen musste der Oberleitungsabschnitt geerdet werden und spannungslos bleiben.

Winzige Fortschritte in Sachen „Reisekultur“

Für den Bahnhof war es bereits ein Fortschritt, dass er für den Ausgang Markgrafendamm 1979 einen Fahrscheinautomaten ungarischer Produktion erhalten hatte. Der gab zwar nur Fahrscheine für die Preisstufe 1 zu 0,20 Mark aus, aber funktionierte. Alle anderen Automaten hatten ihre Schwierigkeiten mit der Münzprüfung, weil die DDR-Münzen („Alu-Chips“) mit zu großen Toleranzen im Umlauf waren. Durch den Automaten konnte bei diesem Eingang auf eine Besetzung der Fahrkartenausgabe verzichtet werden.

Zwei Jahre später erhielten die Bahnsteige D und E sowie die Aufgänge zum Bahnsteig F Zuganzeiger des Typs „Pragotron“. Sie eigneten sich viel besser für die S-Bahn als die bis dahin verbreiteten, aus der UdSSR importierten Zuganzeiger, weil sie sehr schnell das neue Zugziel abblätterten. Durch solche Kleinigkeiten, über die die Medien begeistert berichteten, wurde angeblich die Reisekultur – ein gängiger Begriff bei der Deutschen Reichsbahn seit den siebziger Jahren – verbessert. Noch besser wurde es mit der Reisekultur 1984, als der Zuganzeiger auf Bahnsteig D in Richtung Ost das Zusatzschild „über Lichtenberg“ erhielt. Das ersparte der Aufsicht viele Antworten auf Fragen von Ortsfremden, zeigten die Pragotron-Zuganzeiger doch nur das Ziel und nicht den Weg an. Übersehen wurde bei derartigen Verbesserungen der seit Jahren bestehende Rückschritt, dass auf dem Bahnsteig F nicht mehr angezeigt wurde, von welchem Bahnsteig der nächste Zug zur Stadtbahn fährt. Ein Leuchttransparent am Häuschen der Aufsicht hatte angezeigt, ob der nächste Zug „in Richtung Westen“ vom Bahnsteig D oder vom Bahnsteig E fährt. Es ist eines Tages abgeschaltetet und abgebaut worden; einen Ersatz gab es seitdem nicht. Ein Teil der Umsteiger mag sich geärgert haben, wenn er zum „falschen“ Bahnsteig gegangen war, weil ihm die Information über den „nächsten Zug“ fehlte, der andere Teil der Umsteiger übte sich in der Beobachtung des Zugbetriebs, um im letzten Augenblick zum nächsten Zug „in Richtung Westen“ zu stürmen. Die Bedürfnisse der Reisenden nach Information zu ignorieren, gehört bis in die jüngste Zeit zum Alltag des Bahnhofs Ostkreuz.

Stave hat sich mit einem solchen Anzeiger beschäftigt, zwar nicht mit dem in Ostkreuz, sondern auf dem benachbarten Bahnhof Warschauer Straße, aber die Erscheinung ist für Ostkreuz genauso gültig, wenn es hier auch kein „Kuckfenster“, sondern den freien Blick über die Kynaststraße hinweg auf die aus dem Osten zulaufenden Strecken gab. „Eines Tages war der Kasten weg! Im Frühjahr 1985 war er plötzlich verschwunden. [...] Der Kasten hatte schon in seinen besten Zeiten eine Macke. Bei ‚Nächster Zug in Richtung Westen‘ zeigte er auch Züge an, die auf dem Bahnhof Warschauer Straße endeten, so daß die Bahnbenutzer ohne eine gehörige Portion Praxis das eine oder andere Mal falsch geleitet wurden, aber wer nahm das einem echten Berliner Anzeigekasten schon übel?

Heute, in der kastenlosen Zeit, muß man diese Falschleitertätigkeit schon

Die Luftaufnahme von 1984 zeigt die Ringbahngleise mit dem Bahnsteig F und die Fernbahngleise während der Elektrifizierung. Der Zug in Bildmitte ist ein Betonmischzug für das Gießen der Mastfundamente. Die Turmmaste mussten wegen beengter Verhältnisse auf den einen Bürgersteig der Kynaststraße gesetzt werden

Aus entgegengesetzter Richtung des Bildes auf der Seite 54 zeigt das Luftbild von 1984 den Bahnsteig F und die östlich davon liegenden Fernbahngleise mit dem Osthafengleis sowie dem Anschlussgleis zum Glaswerk Stralau (in der Mitte der Kynaststraße entlangführend); ferner das Stellwerk „Oks“ am südlichen Ende des Bahnsteigs F sowie den markanten Wasserturm (Baujahr 1912) des Architekten Karl Cornelius

selbst übernehmen. Man tritt mit festem Schritt an das Kuckefenster, wirft einen kurzen Blick hinaus und schlägt entschlossen den Weg zur linken Treppe ein. Der größte Teil der vor dem Fenster Wartenden folgt einem auf der Stelle, weil keiner sich die Blöße geben will, daß er etwa schlecht sehen könnte. Wenn die Technik versagt, muß der Mensch einspringen.“ [8]

Ein anderer Schriftsteller setzte 1953 dem Bahnhof, wenigstens im Titel, ein Denkmal: Erich Wildberger, der seinen Roman „Ring über Ostkreuz“ nannte. Er beschrieb darin den Alltag des Berufsverkehrs und vermerkte unseren Bahnhof nur knapp: „Stalinallee. Früher Frankfurter Allee. Es wird jetzt voll. Hier ist der alte Berliner Osten. Die Fahrgäste werden zusammengequetscht. Die Leichenwäscher sind abgedrängt worden. Kurt schließt zwei Minuten die Augen. Er überdenkt die Pflichten für den heutigen Tag. Neben ihm die Kleine hat ein Strickzeug draußen. Der Zug hält in Ostkreuz. Dann in Treptow, immer noch Ostsektor. Dann erst wieder fährt er in den Westsektor ein.“ [13, Seite 74].

Einmannbetrieb, Schlüsseltasten und AB 70 S

Eine technisch-organisatorische Neuerung geht eigentlich auf das Jahr 1965 zurück, denn am 3. Mai begann der Einmannbetrieb der S-Bahnzüge. Der als Beimann fungierende Zugschaffner entfiel, der dem Triebwagenführer den Abfahrauftrag der Aufsicht weiterzugeben hatte. Auf den S-Bahn-Schaffner konnte verzichtet werden, seitdem der Auftrag zum Türenschließen und der Abfahrauftrag der Aufsicht über Funk in den Führerraum des Triebwagens gelangte. Auf Bahnhöfen mit mehreren Aufsichtsbezirken, wie in Ostkreuz, kam es jedoch häufig vor, dass sich die Funkaufträge überschnitten. Deshalb erging die Weisung, die Aufsicht habe deutlich zu sprechen und strenge Funkdisziplin zu wahren (also den vorgeschriebenen Wortlaut zu benutzen), damit der Triebwagenführer den für seine Zuggruppe geltenden Auftrag verstand und befolgte.

Doch bei den vier Aufsichtsbezirken in Ostkreuz half auch beste Funkdisziplin nicht über die Verständigungsschwierigkeiten hinweg. Abhilfe schuf der Abfahrauftrag über die Schlüsseltaste, 1984 – auf Bahnsteig E erst im Februar 1986 – eingeführt. Die Signale zum Türenschließen und zum Abfahren erschienen nun am Signal, wenn es einen Fahrtbegriff zeigte. Indirekt stand diese Neuerung mit der Elektrifizierung der Fernbahngleise im Zusammenhang, denn aus diesem Anlass musste wegen der Fremdströme die Technik des Streckenblocks umgestellt werden.

Die Umstellung der Signal- und Sicherungsanlagen begann im Sommer 1981 mit dem Bau eines Gebäudes am Ende des Bahnsteigs D, in dem die Relaistechnik des Streckenblocks der Bauart AB 70 S [8] untergebracht wurde.

Kurz zur Geschichte dieses Streckenblocks: Von 1961 an musste der Abschnitt Karow West – Schönfließ des Berliner Außenrings von S-Bahn und Fernbahn gemeinsam benutzt werden. Bei der dichten Zugbelegung reichten die drei zwischen der Abzweigstelle Karow West und dem Bahnhof Schönfließ gelegenen Blockstellen nicht aus, so dass man auch hier zum automatischen Blocksystem übergehen musste. 1971 wurde die Sonderbauart AB 2 WGLPAS 66 eingeführt, die auf die Wechsel- und Gleichstromtraktion, die linien- und punktförmige Zugbeeinflussung und auf die Streckenanschläge der S-Bahn-Fahrsperre zugeschnitten war. Abgelöst wurde sie vom Streckenblock AB 70, der 1976 auf der S-Bahnstrecke Grünau – Eichwalde erprobt wurde und von 1982/1983 bis 1989 auf

8) Automatisierter Streckenblock des Baujahrs 1970 für die S-Bahn

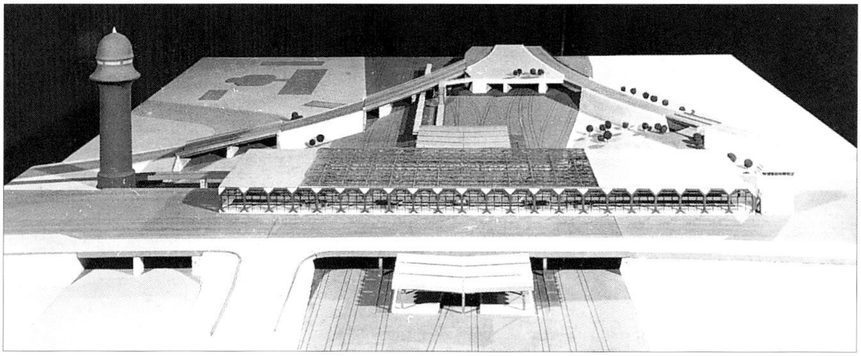

Allen Umbauprojekten des Bahnhofes Ostkreuz ist bis dato eines gemein: Aus ihnen wurde nichts. Modell für den Umbau des Bahnhofs Ostkreuz aus dem Jahre 1985. Oben die Ansicht aus Richtung Osten, unten die aus Richtung Süden

weiteren Strecken der S-Bahn ausgedehnt worden ist.

Begründet wurde der Einbau des Automatischen Blocks AB 70 als notwendige Voraussetzung, um

- durch engere Blockabstände die geplante Zugfolge bis zu 90 Sekunden zu ermöglichen (die auf der Stadtbahn schon früher möglich war)
- im Zusammenhang mit der Elektrifizierung der parallel verlaufenden Fernbahnstrecken störende Einflüsse an Sicherungsanlagen auszuschließen und
- zusätzliche, vom Regelbetrieb abweichende Zugfahrten (signalisierte Linksfahrten) auf den S-Bahnstrecken zuzulassen.

Diese Bauart sollte den bisher für S-Bahngleise verwendeten automatischen Streckenblock ablösen, bestand doch die Gefahr, dass ihn der elektrische Betrieb mit 15 kV 16 2/3 Hz Wechselspannung auf den Ferngleisen beein-

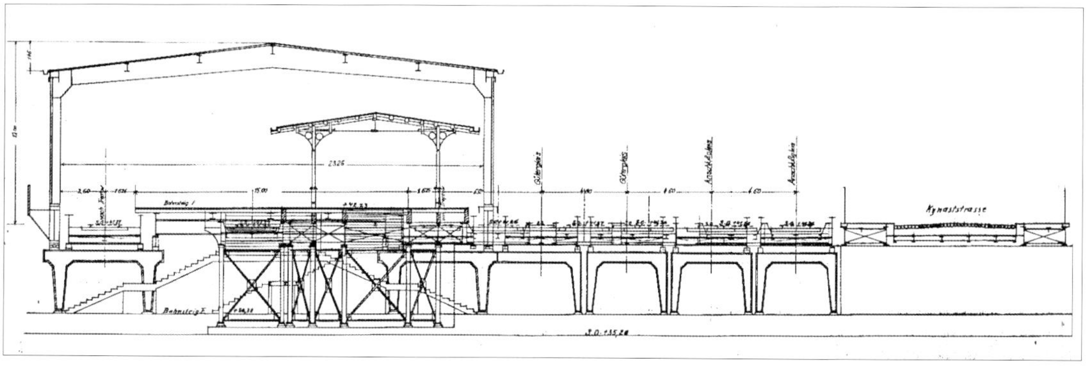

Ebenso eine große Halle hatte das Umbauprojekt von 1937 vorgesehen. Hier der Schnitt durch den Bahnsteig F aus Richtung Süden mit dem gegenübergestellten Ist-Zustand

flusste. Mit dieser Neuerung kamen die Lichtsignale des bei der Deutschen Reichsbahn üblichen Hl-Systems an die Stelle der bei der Berliner S-Bahn so typischen Signalverbindungen, und die Ausfahrsignale erhielten gleich das Signal Zp 8 (Türen schließen!) und Zp 9 a (Abfahren!), die von der jeweiligen Aufsicht über eine Schlüsseltaste bedient wurden.

AB 70 S und die neuen Lichtsignale gingen 1984 an folgenden Tagen in Betrieb:

- Warschauer Straße – Lichtenberg am 1. August, Gegenrichtung am 5. August
- Ostkreuz – Treptower Park am 17. September, Gegenrichtung am 18. September
- Ostkreuz – Frankfurter Allee und Abzweigstelle Vsr – Abzweigstelle Okn am 22. September, Gegenrichtung am 23. September
- Warschauer Straße – Rummelsburg 25. September, Gegenrichtung am 26. September.

Auf den Ferngleisen wurde der Block AB 70 später eingeführt, zum Beispiel am 22. Juni 1988 zwischen Ostkreuz und Treptower Park. Das automatische Blocksignal ersetzte die zwischen Ostkreuz und Treptower Park, kurz vor der Spreebrücke befindliche Blockstelle „Tnt" (Treptow Nordturm). Danach unbesetzt, blieb das nach dem Ende des Ersten Weltkriegs gebaute, hohe, schiefergedeckte Stellwerk, noch eine Weile

Verlegung neuer Gleisjoche mit einem Platow-Kran am S-Bahn-Gleis zwischen Ostkreuz und Rummelsburg (Mai 1988). Auf dem in der zweiten Ebene gelegenen Bahnsteig F drängen sich wartende Fahrgäste in Richtung Treptower Park

Die hässlichen Raumzellen hinter dem nördlichen Empfangsgebäude sind nicht nur in der Nutzung der Bahn-Reinigungs-gesellschaft, sondern auch der „Konkurrenz“ – der Graffiti-Schmierer (Aufnahme vom Juli 1999)

Sitz der S-Bahn-Dispatcherleitung Ost. Abgerissen wurde es bislang nicht.

Der neue Streckenblock ermöglichte Linksfahrten mit Signalbedienung, was auch im S-Bahnbetrieb etwas Neues war. Um ihn zu testen und die Funktionstüchtigkeit der Sicherungsanlagen zu prüfen, richtete die S-Bahn am 1. Juni 1986 planmäßig Fahrten auf dem linken Gleis ein. Den Bahnhof Ostkreuz betraf das mit zwei Fahrten: montags bis freitags von Schöneweide, ab 2.08 Uhr, zum Bahnsteig F und in der Gegenrichtung vom Bahnsteig F, ab 2.31 Uhr, nach Schöneweide. Diese Züge enthielt der Fahrplan nicht; sie konnten daher bei Bedarf ausgelegt werden.

Die Gründung der Oberleitungsmasten für die Elektrifizierung der Fernbahn in der Nähe des Bahnhofs Ostkreuz begann Anfang 1981, wo zwischen Treptower Park und Ostkreuz die Quertragwerke vier S-Bahn- und zwei Fernbahngleise überspannen mussten. Für die Mastfundamente reichte der Platz zwischen den Gleisen nicht aus. Deshalb wurden sie auf den wenig begangenen westlichen Bürgersteig der Kynaststraße gesetzt.

Drei Jahre dauerte es noch, bis am 29. September 1984 der erste Zug mit elektrischer Lokomotive auf den Gleisen der Ringbahn am Bahnhof Ostkreuz vorbeifuhr, denn an diesem Tag war offiziell der elektrische Betrieb Berlin-Schöneweide – Frankfurter Allee / Berlin-Lichtenberg eröffnet worden. Auf den unteren Gleisen war der 31. Mai 1987 der erste Tag des elektrischen Zugbetriebs. 14 km elektrifiziertes Gleis

Die herbe Atmosphäre am Ostkreuz spiegelt der Film „Engelchen" von Helke Misselwitz von 1996 wider. Hier zwischen hastenden Menschen und graffitibesprühten Mauern beginnt die Liebesgeschichte der beiden gefährdeten Existenzen Ramona und Andrzej

waren zwischen Ostbahnhof und Rummelsburg sowie auf dem Ostgüterbahnhof, dem Postbahnhof (am Ostbahnhof) und auf der VnK-Strecke in Betrieb gegangen.
Vom 20. bis 23. März 1987 wurden im Gleis 11 (Ringbahnsteig F) die Brückenüberbauten ausgewechselt. Ein schwellenloser Überbau kam über die Ferngleise Ostbahnhof – Rummelsburg und über das S-Bahngleis Ostbahnhof – Erkner; eine zweite Brücke über die eingleisige Strecke Ostbahnhof – Rummelsburg sowie das zum Ostgüterbahnhof gehörende Abstellgleis.

Nichts mehr zu verderben

Das waren, wie bemerkt, alles Bauten, die weder das Bild des Bahnhofs wesentlich beeinflussten noch zur Verbesserung der Bausubstanz beitrugen. Im Gegenteil: Als in Warschauer Straße der dritte Bahnsteig gebaut wurde, hatte man die Idee, für Bauleiter und Unterkunft der Bauarbeiter zwischen dem Bahnsteig D und dem nördlichen Empfangsgebäude die in der DDR verbreiteten Raumzellen aufzustellen. Der Schandfleck wird noch heute von der Bahn-Reinigungs-Gesellschaft (DRG) benutzt. Offenbar meinte man bei der

Als „Blumeninsel" dekoriert und abgesperrt – eine einsturzgefährdete Stelle auf Bahnsteig F (Aufnahme Oktober 1999). Auch der Zugang vom Markgrafendamm zur Fußgängerbrücke wurde vorübergehend gesperrt

Ice up your life.
TEST IT.
ERLEBEN SIE DIE FASZINIERENDE WELT DES FILMS
FILMPARK BABELSBERG
INFOTELEFON
0331-721 27 50
Rein ins Abenteuer!
täglich 10 – 18 Uhr · 6.3. – 31.10.1999
AVIS
FILMPARK BABELSBERG FILMPARK BABELSBERG FILMPARK BABELSBERG

Reichsbahndirektion Berlin, an diesem Bahnhof sei ohnehin nichts mehr zu verderben.
1987 wurde im Osten und im Westen Berlins das 750-jährige Jubiläum der Stadtgründung gefeiert. Aus diesem Anlass wurde auch über die Geschichte der Bahnhöfe geschrieben, und so hieß es zum optimistischen Ausklang, 1988 begänne die Modernisierung des Bahnhofs. Zehn Jahre später hat sie immer noch nicht begonnen (siehe 6. Kapitel).
Mag der Bahnhof vor sich hin rosten, für spektakuläre Ereignisse ist er allemal gut. So trafen sich hier an einem verregneten 21. Dezember 1997 die letzten Triebwagen der Baureihe 475, was Hunderte Menschen auf die Bahnsteige brachte.
In das Frühprogramm des Senders „98,8 Kiss FM" kam der Bahnhof am 4. Oktober 1999, als die ehemalige U-Bahn-Zugabfertigerin Dörti Dani, angeblich „Berlins frechste Radioschnauze", am Bahnsteig D Züge für den Sender moderierte. Mit Erlaubnis der S-Bahn GmbH durfte sich das „Energiebündel mit losem Maul und schmutziger Fantasie" produzieren. Sie ließ die Züge abfahren und quatschte ab und zu einmal in das Mikrofon, damit die Hörer des Senders auch etwas von ihr hatten. „Könnt ihr bitte du zu mir sagen", bat sie eine Schulklasse aus Charlottenburg, „ich bin doch erst 24." Antwort: „Ich dachte, du bist erst 13." „Danis schnoddriger Ton färbt ab", meinte die „Berliner Zeitung". Und Ingo Priegnitz, Sprecher der S-Bahn GmbH, war von der PR-Aktion des Senders nicht besonders angetan: „Wenig inhaltsreich!" [9]

Andere Gleise und Anlagen

Zur Dienststelle Bahnhof Ostkreuz gehörten immer nur die von der S-Bahn genutzten Anlagen, mögen die Bahnanlagen im Bahnhof auch größer sein.

Das Zusatzschild „über Lichtenberg" auf Bahnsteig D erspart der Aufsicht viele Antworten auf Fragen von Ortsfremden

Nicht als Bahnhof Ostkreuz gelten die Gleise der früheren Ostbahn zwischen Berlin-Lichtenberg und dem Wriezener Güterbahnhof. Infolge der Reparationsleistungen für die UdSSR wurde das zweite Gleis abgetragen. Das zweite, nur zum Rangieren bzw. zum Zuführen und Abholen von Güterwagen benutzte Gleis liegt zwischen dem Wriezener Güterbahnhof und der früheren Dienststelle Hochbaumeisterei Berlin Ostkreuz (jetzt AHS). [9]
Das Streckengleis Berlin-Lichtenberg – Wriezener Güterbahnhof wurde von den Übergabezügen (Güter- und Leerwagen für den Wriezener Güterbahnhof, Schadwagen und instandgesetzte Wagen für das und vom Reichsbahnausbesserungswerk „Franz Stenzer"), bis 1991 auch von den Leerreisezügen benutzt, die wegen Überfüllung des Lichtenberger Bahnhofs auf dem Güterbahnhof abgestellt wurden. Es wird von den Nachtzügen der Bauart TALGO befahren, die im ehemaligen Reichsbahnausbesserungswerk gewartet werden.
Auf der gegenüberliegenden Seite des Bahnhofs liegen zwei Gleise der ehemaligen Berlin-Frankfurter Eisenbahn und ein drittes Gleis Berlin Ostbahnhof –

Linke Seite: „Rein ins Abenteuer!" Galt das etwa der Fahrt durch das Ostkreuz? So sah der Triebwagenführer wochenlang bei der Ausfahrt vom Bahnsteig E in Richtung Rummelsburg eine Reklametafel

9) DB-Anlagen- und Hausservice

Bundespräsident Herzog ließ sich von der Bahn-Prominenz am 6. Juli 1998 den Bahnhof Ostkreuz zeigen und startete dann vom Bahnsteig D zu einer Fahrt auf der Stadtbahn

Der Panoramazug 488 001 kommt im Herbst 1999 aus Richtung Erkner gefahren

DB-NachtZug befährt mit den Nachtzügen der Bauart TALGO das Streckengleis Wriezener Güterbahnhof – Berlin-Lichtenberg von und zum ehemaligen Reichsbahnausbesserungswerk, wo die Nachtzüge gewartet werden.

Berlin-Rummelsburg Abstellbahnhof. Daneben lag bis 1998 ein viertes Gleis, das als Abstellgleis diente und von Berlin Ostgüterbahnhof aus bedient wurde.
Auf der Ringbahn liegt neben den S-Bahngleisen die zweigleisige Strecke Treptower Park – Berlin-Lichtenberg „B 1" (ehemals Abzweigstelle Gab). Vom Gleis Berlin-Lichtenberg „B 1" zweigen in Höhe des Stellwerks „Okn" zwei Gleise ab, die von den Übergabezügen von und zum Osthafen benutzt werden; außerdem lag hier bis 1983 die Wagenübergabestelle der Anschlussbahn Glaswerk Stralau.
Wegen dieser Anlage gilt die Anlage der Ferngleise Ringbahn nach der Definition der Fahrdienstvorschrift aus Richtung Berlin-Lichtenberg „B 1" als Bahnhof, aus Richtung Treptower Park als Abzweigstelle.
Die S-Bahnanlage ist dank der Weichenverbindungen und der Kehrgleise ein Bahnhof, denn es ist erlaubt, dass hier Züge enden, beginnen, kreuzen, überholen und mit Gleiswechsel wenden.

Eine Erklärung der Kehranlagen finden wir in dem Buch „Die Berliner S-Bahn": „Kehranlagen haben für den Betrieb bei Störungen und für einen wirtschaftlichen Betriebsablauf im Hinblick auf Zugschwächungen und die Aufstellung von Verstärkungseinheiten eine wesentliche Bedeutung. Deshalb sind sie in zweckmäßigen Abständen über das Streckengleis verteilt angeordnet. Auf zweigleisigen Strecken liegen Kehranlagen überwiegend zwischen den Streckengleisen und haben meist zwei, jedoch auch mehrere Gleise oder nur ein Gleis." [10]
Diese Erklärung ist unvollständig, denn hauptsächlich sind Kehranlagen Wendeanlagen, die stumpf enden, angeordnet unmittelbar hinter den Bahnsteigen, am günstigsten zwischen den durchgehenden Gleisen. Kehranlagen finden wir auf der Ringbahn südlich des Bahnsteigs F. Der Bahnsteig E verfügte bis 1945 ebenfalls über eine Kehranlage; seitdem bestehen für die Bahnsteige D und E Weichenverbindungen, über die man das Wenden der Züge am Bahn-

OKN
S4
Jungfernheide

Linke Seite: Das Stellwerk „Okn" am Nordkopf der Ringbahngleise hat seit 1984 die Aufgaben des Stellwerks „Oks" mit übernommen

Links: Im Stellwerk „Okn" hat als Fahrdienstleiter Fernbahn Holger Gürlebeck Dienst. Unten: Auch Kerstin Lenz als Fahrdienstleiter S-Bahn hat hier ihr „Reich"

steig in Richtung Lichtenberg und Rummelsburg organisieren kann. [10)]

Die Stellwerke

Zum Verständnis des folgenden Abschnitts muss man wissen, dass der S-Bahnbetrieb durch halb- und vollselbsttätige Signale und durch den Verzicht auf die Fahrwegprüfung weitgehend automatisiert ist. Die Fahrdienstleiter greifen nur ein, wenn der Durchfahrbetrieb unterbrochen werden soll.

Westlich des Bahnhofs, bereits in Höhe des Bahnhofs Warschauer Straße, steht neben der Modersohnbrücke und neben dem 1998 stillgelegten, bis dahin ältesten Stellwerk Berlins, Berlin Ostbahnhof „B 7", das Stellwerk „Wrs". Es ist ein Gleisbildstellwerk der Bauform GS II Sp 64 b, das zufolge des neuen Bahnsteigs C errichtet wurde. Dieser am 20. Dezember 1986 in Betrieb genommene Bahnsteig in Warschauer Straße wird nur in Richtung Zentrum benutzt und entlastete die Zugfolge aus Richtung Osten.

Der Stellwerksturm vereint die Stellwerke „Wrw", am 21. Februar 1987 gesprengt, und „Vsr", das am Westkopf des Bahnhofs Ostkreuz stand. Letzteres war ein sehr beengtes Stellwerk mit nur vier Weichenhebeln, das es aber – wie bereits erwähnt – nach Meinung von Eisenbahnern „in sich hatte".

Das Stellwerk „Wrs" vereinigt mit zwei Fahrdienstleitern zwei Warschauer Straße und Ostkreuz berührende Bezir-

10) Solche Anlage wurde früher als Notkehrgleis bezeichnet.

Vsr

Das kleine Stellwerk „Vsr“ stand am Westkopf des Bahnhofs Ostkreuz (Foto von 1964)

Im Gebäude des Stellwerks „Wrs“ (Aufnahme vom Februar 2000) ist ein Gleisbildstellwerk der Bauform GS II Sp 64b untergebracht

ke: West und Ost, und zwar den ehemaligen Bezirk „Wrw“ sowie „Wro“, wie der einstige Bezirk „Vsr“ nun genannt wurde. Die Bezirke reichen vom Ausfahrsignal in Ostbahnhof in Richtung Warschauer Straße (ausschließlich) bis zum Einfahrsignal von Treptower Park (ausschließlich) sowie bis zu den vor den Bahnsteigen D und E stehenden Einfahrsignalen (ausschließlich). Die Ferngleise werden nicht von diesem Stellwerk bedient, sondern vom elektronischen Stellwerk in Rummelsburg, das eines Tages zum Bedienplatz in der Betriebszentrale in Pankow werden wird. [11]

An den Bezirk „Wro“ schließt der Bezirk des Stellwerks „Oko“ an, dessen niedriger Stellwerksturm im Ostkopf des Bahnhofs Ostkreuz steht. Das Stellwerk ist von der Bauart Siemens & Halske 1912 mit Farbscheibenüberwachung und Gleisbildtafel. Es wird benötigt, wenn bei Bauarbeiten und Störungen Züge an den Bahnsteigen wenden sollen. Bis 1993 war es für diese Fälle nur stundenweise besetzt. Die S-Bahn Berlin GmbH besetzt das Stellwerk durchgehend, um bei Störungen im Zugverkehr sofort auf die Gelegenheit zum Wenden an den Bahnsteigen zurückgreifen zu können. Außerdem muss das Stellwerk für die Eingabe der Zugnummern in die Zugnummernmeldeanlage des elektronischen Stellwerks Rummelsburg besetzt sein.

Das Gebäude des Stellwerks „Oks“ (elektromechanisch der Bauform Siemens & Halske 1907) steht südlich am Ende des Bahnsteigs F. Es wurde am 24. September 1984 stillgelegt, seit die Gleisanlagen vom Stellwerk „Okn“ aus bedient werden.

Stellwerk „Okn“ am Nordkopf der Ringbahngleise – Bauform Siemens & Halske 1912 – wurde nach seiner Zerstörung 1950 wieder in Betrieb genommen. [12] Es ist doppelt besetzt von einem Fahrdienstleiter der Fernbahn, der seit 1994 zum Geschäftsbereich Netz gehört, und von einem Fahrdienstleiter der S-Bahn, der seit 1995 zur S-Bahn Berlin GmbH gehört.

Das Stellwerk „Tnt“ auf der Spreebrücke gehört zwar, wie die Bezeichnung hinweist, zum Bahnhof Treptower Park, unterstand jedoch bis Ende der achtziger Jahre dem Bahnhof Ostkreuz, wie die in diesem Gebäude sitzende Dispatcherleitung Ring. Es war Blockstelle an den Fernbahngleisen zwischen der Abzweigstelle Gabelung und Berlin-Schöneweide.

Alle Stellwerksgebäude gehören zum Geschäftsbereich Netz, die Fahrdienstleiter des S-Bahnbetriebs unterstehen jedoch der S-Bahn Berlin GmbH.

Der Bahnhof Ostkreuz war eine selbstständige Dienststelle mit 170 Beschäftigten, dem außerdem der Haltepunkt Rummelsburg sowie die Bahnhöfe Warschauer Straße und Treptower Park unterstanden. Zum Personal gehörten der Leiter des Bahnhofs, der Gruppenleiter Betriebe (später als Abteilungsleiter Betrieb bezeichnet), der Gruppenleiter S-Bahn (später Leiter technologischer Bereich S-Bahn, dann Abteilungsleiter Personenverkehr genannt), die Reise-

11) Auch die Erkner-Gleise in Warschauer Straße werden nicht vom Stellwerk „Wsr“ bedient. Für diese ist Warschauer Straße nur Haltepunkt.

12) Es gibt Pläne von 1953, das Stellwerksgebäude wieder aufzubauen. Möglicherweise war das Stellwerk von 1950 in einem Behelfsbau untergebracht.

Im Befehlsstellwerk „Oko" hat Fahrdienstleiter Alf Kieschnick Dienst, unten die Bauart Siemens & Halske, darüber die Gleisbildtafel. Das Stellwerk steht am Ostkopf des Bahnhofs Ostkreuz

verkehrsaufsicht (nach Bildung der Hauptdienststelle fünf im Schichtsystem nach Vierbrigadeplan, die wie Schichtleiter tätig waren), Fahrdienstleiter, Aufsicht, Fahrkartenverkäufer, Kassenverwalter und Rechnungsleger, Automatenwarte, Handwerker und Boten.

Eine Besonderheit war, dass der Kassenverwalter und Rechnungsleger der Fahrkartenausgabe Frankfurter Allee die Einnahmen in Ostkreuz abrechnete.

Am 4. November 1991 wurde die Hauptdienststelle Berlin Ostkreuz gebildet, der nun neben den bereits unterstellten Bahnhöfen und Haltepunkten die Haltepunkte Leninallee, Storkower Straße, Frankfurter Allee [13] sowie Nöldnerplatz, Rummelsburg Betriebsbahnhof [14], Plänterwald und Baumschulenweg zugeordnet wurden. Sinn dieser Strukturveränderung war es, reine S-Bahn-Dienststellen zu schaffen und die großen bzw. mittleren Nachbardienststellen vom S-Bahnverkehr mit seinen Besonderheiten zu entlasten. Zur Hauptdienststelle gehörten 220 Eisenbahner.

Bevor die am 1. Januar 1994 durch die Fusion von Deutscher Bundes- und Reichsbahn gebildete Deutsche Bahn AG diese Struktur zerschlug, gab es bei der Reichsbahndirektion Berlin Überlegungen, die Bahnhöfe Ostkreuz und Berlin-Schöneweide [15] zusammenzufassen. Der Gedanke wurde nicht weiter verfolgt. Doch aus Gründen, die hier nicht erörtert werden sollen, führte der Leiter des Bahnhofs Berlin-Schöneweide beide Bahnhöfe in Personalunion.

Die Deutsche Bahn verabschiedete sich von der Organisationseinheit örtliche Dienststelle, führte statt dessen die Niederlassungen ein, diese aber in einer divisionalisierten Struktur, so dass für den Bahnhof Ostkreuz verschiedene Niederlassungen der Geschäftsbereiche Netz und Personenbahnhöfe (seit 1999 Station & Service genannt) zuständig wurden.

Am 1. Januar 1995 wurde die S-Bahn Berlin GmbH als hundertprozentige Tochter der Deutschen Bahn AG aus dieser herausgelöst. Seitdem untersteht das S-Bahnpersonal nicht mehr den vorgenannten Geschäftsbereichen. Die S-Bahn richtete die Betriebsbereiche Ost, West und Süd ein. Zum Bereich Ost mit rund 380 Eisenbahnern – Sitz erst im Haus 13 Markgrafendamm 24, 1999

13) Frankfurter Allee, ein Konglomerat von S-Bahn-Haltepunkt, Abstellbahnhof für Züge des Fernverkehrs und Containerumschlagplatz, sollte „S-Bahn-frei" werden.

14) Gehörte zum Bahnhof Berlin-Karlshorst. Dieser mit dem Haltepunkt Wuhlheide wurde dem Bahnhof Berlin-Köpenick unterstellt.

15) Zu Berlin-Schöneweide gehörte auch der Rangierbahnhof. Die Zusammenlegung der Dienststellen stand im Widerspruch zu den vorgenannten Überlegungen.

Schiebebühne
Schiebebühne
100 m
Norden
Berlin–Schönew

Der Gleisplan aus dem Jahre 1983

im Haus 18 (siehe 5. Kapitel) – gehört die bisherige Hauptdienststelle Ostkreuz, nicht aber der Bahnsteig F, da die Ringbahn zwischen Baumschulenweg und Landsberger Allee nicht zum Betriebsbereich Ost gehört. Außerdem sind in diesem Betriebsbereich zusammengefasst die ausschließlich für die S-Bahn tätigen Fahrdienstleiter, Fahrkartenverkäufer und die Aufsicht der Strecken Lichtenberg – Strausberg Nord, Springpfuhl – Ahrensfelde, Springpfuhl – Wartenberg, Karlshorst – Erkner sowie des Hauptbahnhofs bzw. des Ostbahnhofs.

Der Betriebsbezirk Ost wuchs am 1. Oktober 1997 auf rund 600 Beschäftigte, weil ihm die Stadtbahn sowie die Strecken nach Potsdam und seit 1998 auch die nach Berlin-Spandau zugeordnet wurden.

Die Ringbahn gehört demgegenüber zum Betriebsbereich Süd, der Fahrdienstleiter Fernbahn des Stellwerks „Okn" zur Niederlassung Berlin-Schöneweide des Geschäftsbereichs Netz.

Ein S-Bahnzug in Richtung Erkner rollt ein, rechts oben die Verbindungskurve zum Südring

4. Der Bahnhof als Baudenkmal

Rechte Seite: Die Luftaufnahme mit dem Blick in Richtung Osten von 1984 lässt sehr gut die zwei Gleise der ehemaligen Berlin-Frankfurter Eisenbahn, das Gleis Berlin Ostbahnhof – Berlin-Rummelsburg Abstellbahnhof und als viertes Gleis ein Abstellgleis mit einem Bauzug erkennen

Hier wird auszugsweise ein Gutachten aus dem Jahr 1996 wiedergegeben, das im Zusammenhang mit dem angekündigten Umbau des Bahnhofs steht und die Entscheidungsträger auf die Bauteile aufmerksam machen soll, die es wert sind, erhalten zu werden. Das ist umsomehr erforderlich, als der Bahnhof am 28. September 1995 in die Liste der unter Denkmalschutz gestellten Objekte des Bezirks Berlin-Friedrichshain aufgenommen wurde.

In der am 24. Februar 1999 veröffentlichten Mitteilung des Landespressedienstes hatte die Senatsbauverwaltung zum Planfeststellungsverfahren und zum Denkmalschutz, den Umbau des Bahnhofs Ostkreuz betreffend, im schönsten Papierdeutsch Stellung genommen. „Die Unterlagen zum Planfeststellungsverfahren für den Umbau des Bahnhofes Ostkreuz werden zurzeit vom DB AG-Projekt Knoten Berlin vorbereitet. Mit der Auslegung der Unterlagen soll spätestens im Sommer 1999 begonnen werden. Bestandteil dieser Unterlagen werden auch Vorsorgemaßnahmen für die zu einem späteren Zeitpunkt nachfolgende Autobahnunterquerung im Bereich der Bahnhofsanlagen sein.

Eine Aufstellung und Aufschlüsselung aller zu erfolgenden Abrissmaßnahmen erfolgt in der Regel zum Zeitpunkt der Erarbeitung von Genehmigungsunterlagen in Form von Bauwerks- und Grunderwerbsverzeichnissen auf der Grundlage von Entwurfsplänen. Eine Beauftragung zur Erarbeitung derartiger Unterlagen ist bisher nicht erfolgt, so dass keine diesbezüglichen Aussagen gemacht werden können.

Die durch den FNP 94 [1] und durch das Linienbestimmungsverfahren festgelegte Autobahntrasse wird in das Flächendenkmal am Osthafen im Bereich der Elsenbrücke über die Spree eingreifen. Die Vorplanung mit konkreterer Aussagekraft zu dieser Problematik ist noch nicht abgeschlossen.

Die zuständige Denkmalschutzbehörde wurde noch nicht um Stellungnahme ersucht." [26].

Auszüge aus dem Gutachten von 1996

Sehr wohl war dies zur unter Denkmalschutz stehenden Bahnhofsanlage geschehen. Dabei handelt es sich um Bauwerke aus mehr als fünf Jahrzehnten, die einander funktionell bedingen und mit ihrer jeweiligen Eigenart als ein charakteristisches Ensemble zusammenwirken. Im Grundriss hat dieses Ensemble annähernd die Form eines gleichschenkligen Dreiecks mit gekurvten Seiten, dessen Basis sich in nordsüdlicher Richtung etwa 520 m lang erstreckt und dessen Spitze etwa 440 m weiter westlich liegt.

Diese Grundform wird von hochgelegenen Bahndämmen, Stützmauern, Brückenbauwerken und Gleisanlagen gebildet: Im Osten von denen der Ringbahn, im Norden von denen der Nordkurve, im Süden von denen der Südkurve – beides Kurven zwischen der Ring- und der Stadtbahn. [2]

In die Ringbahnanlage ist der Bahnsteig F eingefügt. In der Spitze bzw. beiderseits der Spitze lag das Plateau der Bahnsteige A, B und C, wovon nur der Bahnsteig A übrig geblieben ist.

Im Innenraum des Dreiecks liegen auf dem unteren Niveau im zentralen Bereich die Gleisanlagen, die von der Stadtbahn in Richtung Osten und umgekehrt führen, mit den Bahnsteigen D und E.

1) FNP = Flächennutzungsplan

2) Unter Stadtbahn im engeren Sinne ist der Abschnitt Berlin Ostbahnhof – Berlin-Charlottenburg zu verstehen.

Luftaufnahme aus dem Jahre 1984 der seit 1995 unter Denkmalschutz stehenden Bahnhofsanlage Ostkreuz. Der Blick geht in Richtung Berliner Zentrum. Hinter dem Wasserturm führt die Südkurve durchs Bild, dahinter an der Straßenbiegung steht die Schaltwarte der S-Bahn. Rechts ist der Bogen der Nordkurve zu erkennen, sie wird wohl beim Umbau entfallen, da sie nicht mehr benötigt wird

In den Restflächen befinden sich nördlich das Empfangsgebäude an der Sonntagstraße und ein Beamtenhaus sowie südlich ein weiteres Empfangsgebäude an der Hauptstraße und bereits in Dammhöhe der Wasserturm. Zwischen den Empfangsgebäuden stellt die westliche Fußgängerbrücke die Verbindung zu den Bahnsteigen D und E auf der Stadtbahnebene her. Die Treppen zum Ringbahnsteig F werden von den beiden Empfangsgebäuden über offene Wege erreicht. Diese Wege sind mit Mosaiksteinen gepflastert und beiderseits eingezäunt. Die Freiflächen zwischen den Wegen und den Gleisen, auch die Bahndämme haben einen starken Bewuchs.

Die Nordkurve geht in ihrer heutigen Form auf die Neutrassierung im Jahre 1881 zurück. Sie ist seither im wesentlichen unverändert geblieben.

Zum Bahndamm der Nordkurve gehören zwei Brückenbauwerke. Das eine überbrückt drei Gleise in Richtung Westen, das andere den Zugang von der Sonntagstraße. Bei der Brücke an der Sonntagstraße handelt es sich um eine jahrzehntelang übliche Tragkonstruktion aus vernieteten Stahlprofilen und Blechen.

Die Dienstwege sind auf geschweiften Stahlblechkonsolen und Winkelprofilen an die Blechträger seitlich angenietet. Diese Brücke zeigt teilweise Anstrich- und Rostschäden.

Die Stahlbrücke über der Sonntagstraße liegt auf Granitblöcken in gemauerten Widerlagern auf. Diese, wie auch die Schrägflügel an den Bahndämmen, bestehen aus Klinkern. Die Schrägflügel sind mit Sandsteinplatten abgedeckt. Das Mauerwerk ist stark verschmutzt, die Verfugung zum Teil ausgebessert, es ist jedoch standfest und restaurierbar.

Anders sind die Verhältnisse am Kreuzungsbauwerk über die drei nördlichen S-Bahn und Fernbahngleise. Die Blechträger sind nur behelfsmäßig.

Auch die Widerlager und Stützen sind offensichtlich in ihrem Bestand aus teilweise verwittertem Mauerwerk und Stahlbetonergänzungen in einem sanie-

rungsbedürftigen Zustand. Die Trassenführung der Südkurve geht auf das Jahr 1881 zurück. Die Brücken im Anschluss an den Bahndamm der Südkurve überspannen die Straßenkurve Hauptstraße – Markgrafendamm und in zwei Feldern Fernbahn- und S-Bahngleise. Die Überbauten tragen je

Ostkreuz III, eine Ätzung von Ursula Strozynski, 1984

ein Gleis, sind also auf der zweigleisigen Strecke paarweise angeordnet. Diese Brückenpaare sind infolge des schrägen Anschnitts der überbrückten Verkehrswege in sich stark versetzt. Konstruiert sind die sechs Brücken als Stahlfachwerkträger aus kräftig dimensionierten Doppel-T-Trägern. Da die

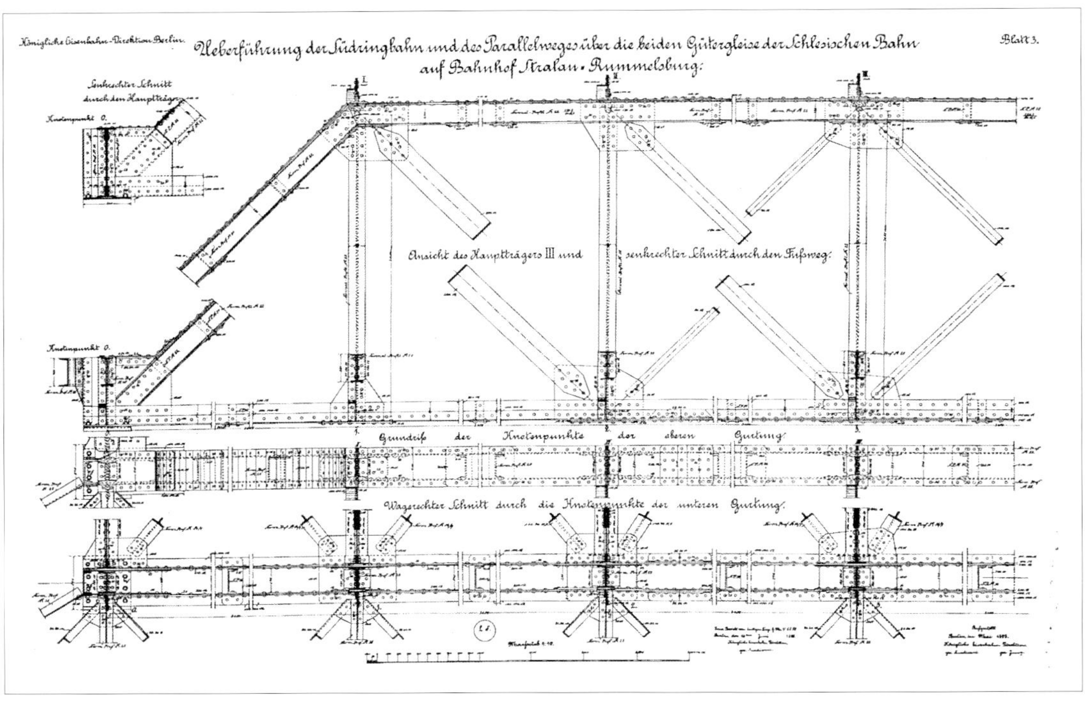

Detail der Brückenkonstruktion der Südkurve, 1898

Mit Mosaiksteinen gepflasterter und beiderseits eingezäunter offener Zugangsweg vom südlichen Empfangsgebäude zum Bahnsteig F in einer Aufnahme von 1984

Die Nordkurve am Bahnsteig A in ihrem Zustand vom Oktober 1999

Spannweite im mittleren Feld größer ist als in den seitlichen, haben die beiden Mittelbrücken eine entsprechend größere Konstruktionshöhe. So hat sich in der Südkurve ein höchst differenziertes Brückenensemble herausgebildet.
Auch an den Fachwerkträgern sind Korrosionsschäden nachgewiesen, die weitere Nutzungsdauer ist begrenzt worden. Die Widerlager und Zwischenpfeiler lassen Umbauzustände erkennen. Das Ziegelmauerwerk ist teilweise ausgeflickt und durch Stahlbeton ersetzt. Das südliche Widerlager der Öffnung III zeigt provisorische Verankerungen.
Die genaue Entstehungszeit ist für alle drei Brücken nicht nachweisbar. Statische Berechnungen weisen die mittlere Brücke als eine Erneuerung des Jahres 1930 aus. Sie ist stärker dimensioniert als ältere Brücken vergleichbarer Größe, wie wir sie in Westkreuz finden. Diese Stahlbrücken in ihrer markanten Silhouette sind Vertreter eines für Berlin stadtbildprägenden, aber im Verschwinden begriffenen Bautyps. Besonders hier am Ostkreuz können sie in ihrer herben sperrigen Form als Sinnbild für den industriellen Berliner Osten gelten, der hier seit über 100 Jah-

Zwei mal der Bahnsteig A mit Blickrichtung Westen: Oben aufgenommen um 1934, dahinter der Bahnsteig C; rechts eine Aufnahme von 1996. Der Bahnsteig C existiert nicht mehr

ren nicht nur verkehrstechnisch seine Mitte besitzt. Wegen des kantigen, grafisch interessanten Charakters der Konstruktion haben sich immer wieder Künstler für diese Brücken interessiert.
An der Westspitze der Bahnhofsanlage liegt auf der Höhe der Dämme ein Plateau, zu dem der Bahnsteig A gehört und die früheren Bahnsteige B und C gehörten. Diese Bahnsteige können dem ältesten Bestand des Bahnhofs aus der Zeit um 1882 zugerechnet werden. Zwei Jahrzehnte lang waren sie der einzige Umsteigepunkt zwischen den Zügen, die vom Nord- oder Südring zur Stadtbahn verkehrten. Von den Bahnsteigen B und C sind lediglich noch Reste zu sehen. Die Unterführung zum Bahnsteig A ist zugeschüttet. Das Plateau des Bahnsteigs A wird seit 1882 gegenüber dem tiefer gelegenen Gelände des einstigen Bahnhofsvorplatzes durch eine Erddruckmauer abgestützt. Diese ist geböscht und mit Werksteinquadern belegt. Sie ist hinter hohem Wildwuchs kaum noch sichtbar, jedoch vorhanden und restaurierbar. Auf der Mauerkrone steht ein schmiedeeisernes Zaungitter aus der Erbauungszeit im desolaten Zustand.
Die Treppe vom Bahnsteig D zum Bahnsteig A liegt auf Mauerwerk aus roten Klinkern. Das Mauerwerk liegt in einer Flucht mit einer anschließenden Stützmauer, die auch Widerlager für die Fußgängerbrücke zum Bahnsteig E und für den westlichsten Bahnüberbau (die Fachwerkbrücke) ist.
Das Mauerwerk ist unter den zwei Treppenläufen zwischen den Bahnsteigen D und A durch Stichbögen gegliedert. Es wird durch Granitschwellen abgedeckt, in die Geländer aus Stahlwinkel- und Rohrprofilen eingelassen sind. Die Form der Granitschwellen ist offenbar in jüngerer Zeit durch Abspitzen vereinfacht worden.
Von den ursprünglichen Fußgängerübergängen zum ältesten Empfangsgebäude und weiter zur Fußgängerbrücke zwischen den jüngeren Empfangsgebäuden ist heute außer einigen Stützenfundamenten nichts mehr vorhanden. Ebenfalls verschwunden ist

Der Bahnsteig A im Zustand vom August 1999

Die Treppe von Bahnsteig D zum Bahnsteig A liegt auf Mauerwerk aus roten Klinkern, 1999

Die Treppe zum früheren Übergang von der Hauptstraße zum Bahnsteig A im Zustand von 1996

Mehrere Jahrzehnte alte Bäume und Büsche stehen auf dem Rondell im Ostteil des Bahnsteigs A (Aufnahme Juli 1999)

Von unten fallen die großen Bäume nicht sofort auf, überragen aber selbst die Fußgängerüberführungen. Aufnahme von 1988 mit einem Zug nach Strausberg

Eingeschossiges Aufsichtsgebäude mit Anbau und stark gerundeten Ecken aus dem Jahre 1907 (Aufnahme vom August 1999)

der Überweg, der einst für diejenigen Fußgänger, die keinen Zutritt zu den Bahnanlagen wollten (der war nur mit Fahrkarte oder Bahnsteigkarte durch eine Sperre möglich), die Verbindung zwischen der Sonntagstraße und der Hauptstraße herstellte. Dieser Überweg war mit Treppen über die östlichen Abgänge des Bahnsteiges A hinweggeführt worden. Von dem Weg blieb lediglich etwas von der Rampe an der Südseite des Bahndammes der Nordkurve und ein Treppenrest an der Nordostseite des Brückenbauwerkes in der Südkurve erhalten.

Der Belag des Bahnsteigs A besteht aus Mosaikpflaster (Bernburger Grauwacke). Fehlstellen im Mosaikpflaster sind mit Betonplatten ausgelegt. Im Westteil, dort, wo sich bis zur Kriegszerstörung das dreigeschossige Stellwerksgebäude und die Treppe zur Unterführung zwischen den Bahnsteigen B und C befanden, ist zum Teil offener Boden. Im breiten Ostteil des Bahnsteigs ist aus der Pflasterung ein großes Rondell ausgespart. Hier stehen mehrere Jahrzehnte alte Laubbäume und Büsche.

Der Bahnsteig A war, wie Fotos zeigen, beiderseits an den Bahnsteigkanten überdacht. Heute ist davon nur noch ein Streifen von 5 m bis 7,5 m Breite und knapp 70 m Länge übriggeblieben, getragen von neun Stützen. Die Stützen mit doppeltem T-Profil sind aus Stahlblechen und Winkeln zusammengenietet.

Von einer Breite von 35 cm am Fußpunkt verjüngen sich die Stützen nach oben auf etwa 30 cm bis zum kurvigen Ansatz der beidseitigen Ausleger. Diese sind von unterschiedlicher Länge und verjüngen sich nach den Enden. Außerdem sind die Ausleger des Dachgefälles wegen leicht schiefwinklig angelegt (etwa 6°). Die Tiefe der Stützen beträgt etwa 22 cm, ihr Abstand rund 9 m. Auf die Stützen sind 3 bis 4 Pfetten aus Doppel-T-Profilen aufgelegt. Diese tragen Holzsparren, eine Dachschalung und Dichtung aus Bitumenbahnen. Entwässert wird über vorgehängte Regenrinnen und lange Schrägstücke zu den

Abfallrohren, die den Stützen zugeordnet sind.

Auf dem Bahnsteig steht ein eingeschossiges Aufsichtsgebäude über rechteckigem Grundriss, mit Anbau und stark gerundeten Ecken. Dabei handelt es sich um den früheren „Warteraum mit Schankbude" von 1907. Das Gebäude ist aus Stahlfachwerk konstruiert und mit unglasierten roten Ziegeln unterhalb der Fensterbrüstungen und mit gelben darüber ausgefacht. Von den Fenstern und Türen ist nur noch wenig im Original erhalten. Das Dachgesims wird aus hölzernen Sparrenköpfen und Holzschalung gebildet. Das sehr flache, mit Bitumenbahnen gedeckte Dach ist vom First her allseitig abgewalmt und über die gesamte Breite der östlichen Traufe abgeschleppt, um den Anbau zu überdecken. Beiderseits neben dem schmaleren Anbau wird das Schleppdach von je einem Ausleger aus T-Profilen getragen. Deren Kragarme sind kreisbogenförmig ausgesteift.

Die Ostflanke des Bahnhofsgeländes wird von den Dämmen, Stützmauern, Ziegelbögen und Stahlbrücken der Ringbahn gebildet. Die Vollwandträger der drei nördlichen Felder zeigen die gleichen Konstruktionsformen wie die der Brücken in der Nordkurve. Zusätzlich sind die Konsolen des Dienstweges durch Kopfbleche mit segmentförmig geschweifter Unterkante verbunden. Die kleinen Bögen bilden ein dekoratives Band. Die zwei südlichen Felder der Ringbahnbrücke sind gröber in der Form; sie gehen auf behelfsmäßige Wiederherstellungs- und Umbauarbeiten nach dem Zweiten Weltkrieg zurück.

Die fünf Felder der Brücken liegen im wesentlichen auf gemauerten Widerlagern und Zwischenpfeilern auf. Diese werden an Engstellen durch Stützen aus Walzstahlprofilen ergänzt. Am gesamten Oberbau sind Korrosionsschäden zu sehen. Auch hier gilt die Begrenzung der Nutzungsdauer.

Brückenkonstruktion mit dem Bahnsteig F, von Bahnsteig D aus gesehen (Aufnahme von 1996)

Betonergänzungen und Schäden sind auch am Mauerwerk der Widerlager und Pfeiler erkennbar; eine Sanierung wäre nur für die Teile in Betracht zu ziehen, die nach der Veränderung der Brücken in irgendeiner Funktion noch gebraucht werden.

Auf der Westseite schließen an die Widerlager der Ringbahnbrücken beiderseits Ziegelbögen an. Sie sind nach dem Vorbild der Bögen im innerstädtischen Bereich der Stadtbahn gestaltet und gehören wohl zum Bauabschnitt um 1903. Der nördlichste der Bögen, Bogen 1, fasst eine Eingangshalle von 8,70 m Breite und 7,07 m Tiefe ein. Sowohl die seitlichen Pfeilervorlagen bis zum Kämpfer als auch der segmentförmige Bogen und die darüberliegenden Schichten sind aus roten Klinkern gemauert.

Der etwa 72 cm starke Bogen ist oben mit einem gekehlten Formziegel abgeschlossen, unten mit einem Wulstprofil gestuft. Das Bogenfeld wird von breiten, im Mauerwerk vorgezogenen Pilastern gerahmt. Das etwa um 1,20 m

Schildmauer vor der Ringbahn (von Nordwesten, Aufnahme von 1996)

über dem Bogenscheitel aufgehende Mauerwerk wird in der Gesimszone durch ein Band und durch eine Konsolenreihe aus vorgezogenen Klinkern gegliedert. Die Konsolen tragen eine kräftige Gesimsplatte aus Sandstein. Diese Gesimsarchitektur ist um die seitlichen Pilaster herumgekröpft. Über der Gesimsplatte setzt sich die Ziegelarchitektur als Attika fort, mit Eckpfeilern über den Pilastern und mit von Rechteckschlitzen durchbrochenem Brüstungsmauerwerk.

Wände und Wölbung der Eingangshalle sind mit gelben Klinkern verblendet. In der Südwand der Halle befinden sich in Nischen zwei vermauerte Öffnungen (vermutlich ehemalige Fahrkartenschalter) und eine Tür; Gewände [3] und Zwischenpfeiler bestehen aus Granit. Ebenso sind die darüberliegenden Stichkappen in der Segmenttonne mit nach außen gestuften Granitquadern gefasst. Im Hintergrund der Halle liegt axial der 4 m breite Antritt der Treppe zum Bahnsteig F. Die Treppe besteht aus Granitblockstufen, die auf Wangen aus gelbem Klinkermauerwerk aufliegen. Heute sind die Stufen von einem Zementestrich mit Stahlkanten überzogen. Der erste Lauf mit nur 8 Steigungen (16/32) endet auf einem quadratischen Podest, von dem aus die weitere Treppe mit drei Läufen (11 + 11 + 16 Steigungen) rechts abgeschwenkt zum Bahnsteigniveau hinaufführt.

Die Treppenhauswände sind ebenfalls mit gelben Klinkern verblendet. Die Decke besteht aus stark korrodierten Doppel-T-Trägern, zwischen die geputzte Ziegelkappen gespannt sind. An den Treppenhauswänden sind zum großen Teil noch die ursprünglichen Handläufe aus profiliertem Holz vorhanden. Sie werden von verzierten Konsolen aus Gusseisen getragen. Am Mauerwerk des Schildbogens, der Hallen- und Treppenhauswände, am Gewölbe und der Decke sind Ausblühungen als Folge von Dichtungsschäden festzustellen. Ein schwach ausgeprägter Riss ist in der Treppenhauswand sichtbar. Stärkere Risse treten nahe dem oberen Treppenaustritt beiderseits im Übergang zwischen dem Widerlagermauerwerk und der stählernen Bahnsteigbrücke auf.

Die Architektur des Bahnbogens 2 entspricht der des Bahnbogens 1. Er wird südlich flankiert durch den neben dem Pilaster nochmals vorgezogenen Eckpfeiler des Widerlagers der anschließenden Ringbahnbrücken. Hinter die Wandvorlagen und den Segmentbogen

3) Gewände = Seitenwände einer Tür (architekturgeschichtlicher Terminus)

Aus dem Jahre 1903 stammen die aus roten Klinkern gemauerten Bögen der Ringbahnstrecke. Unter dem Bogen I (dem nördlichsten Bogen) befindet sich die Eingangshalle zum Bahnsteig F (Zustand von 1993)

Konsole und Handlauf in der nördlichen Eingangshalle zum Bahnsteig F (Aufnahme von 1996)

zurückgesetzt liegt ein ebenfalls aus roten Klinkern gemauertes Bogenfeld. In dieses Feld ist eine Gruppe von drei Fenstern symmetrisch eingeordnet. Die drei Fensterstürze sind segmentbogenfömig gemauert und haben gleiche Scheitelhöhe. In die Fensterlaibungen und -stürze sind braune Glasurziegel, verzahnt mit dem normalen Mauerwerk, eingebaut.

Oberhalb eines Glasurziegelbandes, das das Bogenfeld in Kämpferhöhe des Bahnbogens horizontal gliedert, ist um die Verzahnung der Leibungs- und Sturzziegel nochmals eine doppelte Umrahmung aus grün glasierten Ziegeln gezogen. In den Zwischenraum der Rahmenbänder sind Glasurziegel im Wechsel mit unglasierten radial zu den Wölbungsbrennpunkten eingefügt. Diese Rahmung bildet über dem Mittelfenster einen hohen Spitzbogen, der eine kleine Putzblende einfasst.

Von den ursprünglichen Holzfenstern ist noch eines in seiner für den Jahrhundertbeginn typischen Sprossenteilung erhalten. Die beiden anderen sind verstümmelt bzw. vermauert. Die Gliederungen sind zum Teil mit unglasierten Ziegeln ausgebessert.

Das dem Bahnbogen vorgelagerte Erdreich ist stark angewachsen und von wuchernder Vegetation bedeckt. Infolge mangelhafter Vertikaldichtung zeigt das Mauerwerk im Sockelbereich Feuchtigkeitsschäden.

Nördliche Eingangshalle zum Bahnsteig F (Aufnahme von 1996)

Das Pendant zum Bahnbogen I ist die südliche Eingangshalle zum Bahnsteig F, allerdings ohne gliedernde Pilaster zu den benachbarten Bahnbögen (Aufnahme von 1993)

Das Attikamauerwerk ist über dem Bogen 2 nicht mehr vorhanden, statt dessen ist eine Profilstahlbrüstung auf Ziegelsockel eingebaut. Durch den Bogenscheitel zieht sich bis hinauf in die Gesimszone ein breiter Riss.

An das südliche Widerlager der Durchfahrten schließt sich der Bahnbogen 3 an. Die architektonischen Grundformen entsprechen denen des Bogens 2. Das Bogeninnenfeld ist jedoch bündig mit der inneren Stufenkante des Segmentbogens ausgemauert. Die verwendeten Klinker sind dunkler als die der umgebenden Architektur. Durch den Bogenscheitel und die Ausmauerung geht ein Riss, der nachträglich verfugt worden und anscheinend zur Ruhe gekommen ist.

Der anschließende Bahnbogen ist im wesentlichen das Pendant zum Bahnbogen 1. Auch er ist die Rahmung zu einem Bahnsteigzugang. Ein auffallender Unterschied besteht darin, dass hier zwischen den benachbarten Bahnbögen keine gliedernden Pilaster angeordnet worden sind. An ihre Stelle tritt in der Mitte der Zwickel ein Ornament, das von in der Fläche liegenden, braun glasierten Ziegelköpfen in der Form eines doppelt rhombenförmigen Linienzuges gebildet wird.

In der hinter dem Bogen 4 liegenden Eingangshalle sind die Wände und die segmentförmige Tonne wie im Bogen 1 mit gelben Klinkern verkleidet. Eine stichkappenüberdeckte Türöffnung steht hier allein in der Südwand. Gegenüber in der Nordwand liegt die gleiche granitgerahmte Gruppe von Nischen wie im Bahnbogen 1.

Im Hintergrund der südlichen Eingangshalle tritt die Treppe zum Bahnsteig F parallel zur Hallenrückwand an. Die drei Treppenläufe (14 + 14 + 19 Steigungen) liegen in gerader Linie. Das südliche Treppenhaus besitzt ebenfalls gelbe Klinkerwände, wie auch das nördliche. Hier ist die Deckenkonstruktion jedoch grundlegend anders. Über der Vorhalle bilden die Deckenträger große Kassetten, die kalottenförmige Gewölbe aus unverputzten gelben Klinkern tragen – eine ungewöhnliche und schöne Baugestaltung. Zwischen dem Kubus der südlichen Vorhalle mit der beschriebenen Decke und den Wänden, die die oberen Treppenläufe begleiten, ist ein gliedernder Segmentbogen aus gelben Klinkern eingefügt. Dicht an diesem Gurtbogen zeigen die Treppenhauswände fingerbreite Vertikalrisse. Reste von überbrückenden Zementmarken zeigen Daten aus den fünfziger und sechziger Jahren. Auch

Bahnbogen 5 mit drei gerahmten, ausgemauerten Fenstern (Aufnahme von 1993)

Ostkreuz heißt Treppensteigen, das wird sich auch in Zukunft nicht ändern. Der Blick in Richtung Osten in einer Aufnahme vom Mai 1996

im Bereich der südlichen Eingangshalle gibt es Nässeschäden und Ausblühungen, einige Oberflächenschäden und kleinere Risse im Mauerwerk des Schildbogens der Halle und der Treppenhauswände.
Der folgende Bahnbogen 5 entspricht in seiner Gliederung dem Bogen 2. Er wird flankiert durch einen flach vorgelegten Eckpfeiler zur Hauptstraße. Die drei Fenster sind gerahmt wie beim Bogen 2; hier sind sie sämtlich ausgemauert. Der Putz auf dem unregelmäßigen Füllmauerwerk blättert ab.
Das auf älteren Fotos sichtbare Attikamauerwerk ist über den Bögen 3 bis 5 nicht mehr vorhanden. Ein niedriger, aus abgeputzten Altziegeln gemauerter

Brückenbogen der Ringbahn über die Hauptstraße (Aufnahme vom August 1999)

Eingezäunter Zugangsweg vom südlichen Empfangsgebäude zum Bahnsteig F und zum Bahnsteig A (Aufnahme vom November 1984)

Treppenanlage vom Bahnsteig D zum Bahnsteig F (Aufnahme von 1985)

Sockel trägt dort ein Profilstahlgeländer.

Südlich an die Bahnbögen anschließend folgt der weitgespannte Brückenbogen der Ringbahn über die Hauptstraße. Seine Schildbogenarchitektur ist Fortsetzung und Abwandlung der Bahnbogenarchitektur. Der gleiche rote Ziegel ist verwendet, die Gesimsplatte aus Sandstein ist fortgesetzt, ebenso wie die Reihe der Ziegelkonsolen, die sie trägt. Darüber war die gleiche Attika aufgemauert wie über dem Bahnbogen 1. Heute ist sie noch über dem östlichen Schildbogen erhalten. Über dem westlichen Schildbogen ist dieses Attikamauerwerk in der Nachkriegszeit durch zwei Ziegelflachschichten und ein Stahlgeländer oberhalb der ursprünglichen Rollschicht ersetzt worden. Da das Schildmauerwerk etwa die gleiche Höhe hat wie das der Bahnbögen, die Spannweite des Bogens über die Straße mit etwa 15 m jedoch fast doppelt so groß ist, musste die Segmentbogenform korbbogenartig verändert werden.

Das Ziegelgewölbe zeichnet sich zwar 50 cm stark im Schildmauerwerk ab, ist dort jedoch bündig und ohne Form- oder Glasurziegel eingefügt, so dass eine klare und monumentale Gesamtform entsteht, von keiner Gliederung abgemildert.

Sockel-, Wand- und Kämpferlinie der Straßenüberwölbung konnten nur auf der Nordseite bündig im Anschluss an ein älteres Brückengewölbe über die gesamte Tiefe der Bahnanlagen durchgezogen werden.

Das ältere Gewölbe, dessen Ziegel mit denen der Brückenwiderlager in der Nordschleife vergleichbar sind, hat eine geringere Spannweite. Da es offenbar Anfang des Jahrhunderts nicht erneuert werden konnte, steht es mit seinem engeren Durchlass und seiner geringeren Tiefe weiterhin einschnürend in der Straßenflucht der etwa um 1903 län-

ger und breiter angelegten Brückengewölbe.
In die beschriebenen Brückenbauwerke, die die Gleise der Ringbahn tragen, sind auf der Westseite die Bahnsteigbrücken für den Bahnsteig F einbezogen. Der Bahnsteig ist 1903 dem Personennahverkehr auf der Ringbahn übergeben worden. Er ist von Süden und Norden her durch Treppenanlagen erschlossen, die in den Eingangshallen unter den Bahnbögen 4 und 1 antreten. Diese stehen über eingezäunte Wege mit den Empfangsgebäuden im Süden und Norden in Verbindung.
Der Bahnsteig F ist außerdem über eine Treppenanlage mit den beiden Bahnsteigen D und E auf der Stadtbahnebene verbunden.
Der Bahnsteig – etwa 155 m lang – war ursprünglich 76 cm über Schienenoberkante angelegt und ist, wie im 2. Kapitel ausgeführt, 1928 auf 96 cm erhöht worden. Seine Tragkonstruktion besteht im Bereich der Bahnbrücken aus Stahl, im Bereich der Bahnbögen aus Ziegelmauerwerk. Mit Ziegelmauerwerk sind auch die Treppenaussparungen im Mittelbereich eingefasst (aufgesattelt auf die Stahlkonstruktion). Die Stahlkonstruktionen zeigen erhebliche Korrosionsschäden.
Für die Bahnsteigkanten und den Belag des Bahnsteiges sind an der heutigen Oberfläche Betonfertigteile verwendet worden, das Mosaikpflaster ist lediglich am südlichen Bahnsteigende, außerhalb des Treppenabgangs nicht angetastet worden. Das Bahnsteigdach wird von gusseisernen Stützen mit Blattkapitellen aus der späthistoristischen Serienproduktion getragen. Aus den Stützenpaaren entwickeln sich Bänder in einer Kombination von Stütz- und Zuggliedern aus Stahl und hölzernen Sparren. Die heutigen Sparren aus unprofiliertem Holz tragen Holzpfetten, auf denen anstelle der früheren genuteten Holzschalung Trapezblechplatten als Dachhaut aufliegen. Der Zustand ist technisch befriedigend, vom ästhetischen Standpunkt her unerfreulich.
In der Mitte des Bahnsteiges befindet sich ein Aufsichtshäuschen aus Stahlfachwerk mit stark abgerundeten Ecken. Es ist mit gelben Verblendern ausgefacht, in den mittleren Gefachen sind teilweise Ornamente aus braunroten Ziegelköpfen gebildet. In den niedrigen oberen Gefachen bilden die braunroten Ziegel als Rahmenfüllungen einen regelmäßigen Fries. Darüber folgt ein Gesims aus reich profilierten Sparrenköpfen mit Holzfüllungen und reich profilierter Schalung, die die

Bahnsteigbrücken für Bahnsteig F (Westseite) für die Gleise der Ringbahn mit erheblichen Korrosionsschäden (Aufnahme vom Februar 2000)

Bahnsteig F mit Aufsichtshäuschen (Aufnahme vom September 1999)

Treppenanlage vom Bahnsteig E zum Bahnsteig F (Aufnahme vom Juli 1999)

Dachhaut aus Bitumenpappe trägt. Das Aufsichtshäuschen befindet sich in einem guten Zustand. Türen und Fenster sind jüngst grobprofiliert in Kunststoff erneuert worden.

Die Austritte der beiden Ausgangstreppen zum Süden und Norden liegen ausserhalb des Bahnsteigdachs. Sie waren von Anfang an in der für S-Bahnhöfe typischen Form umbaut und überdacht. Von der ursprünglichen Konstruktion sind noch die brüstungshohen Sockel, die Stahlstützen und Binder erhalten, ebenso die feingliedrige Glasteilung an den Eingangsseiten.

Die Seitenfronten sind über dem nun mit Keramikplatten verkleideten Sockel mit großformatigen Industrieglasscheiben versehen; die Giebel wurden durch Mauern geschlossen.

Die Treppenabgänge zu den Bahnsteigen D und E sind von Granitschwellen eingefasst, auf denen die gutgestalteten Schlossergitter der Erbauungszeit stehen. Die Handläufe bestehen heute jedoch aus Rohren, die in der Nachkriegszeit aufgeschweisst worden sind. Am Südarm der Treppe vom Bahnsteig D hat sich ein Rest des Flacheisens erhalten, auf das ursprünglich der Holzhandlauf geschraubt war.

Die abwärtsführenden Treppen sind Stahlkonstruktionen mit aufgesattelten Trittstufen aus Kunststein.

Der Anblick der nur noch schlecht beschichteten Bahnsteigbrücken, Pendelstützen und Setzstufen ist im Treppenbereich besonders störend.

Der Bahnsteig E steht über drei Treppen mit den Empfangsgebäuden und den anderen Bahnsteigen in Verbindung. Eine Treppe erreicht ihn im mittleren Bereich von der nord-südlichen Fußgängerbrücke her. Am östlichen Bahnsteigende liegt die Treppe zum Ringbahnsteig F und am westlichen Ende die Treppe zum Bahnsteig A.

Der Bahnsteigbelag besteht jetzt aus Betonplatten. Der Bahnsteig ist von der

Bahnsteig F, Dach mit gußeisernen Stützen und Blattkapitellen (Aufnahme vom Februar 2000)

Treppengeländer auf Bahnsteig F. Hier blieb ein Stück Flacheisen erhalten, auf dem ursprünglich der hölzerne Handlauf befestigt war (Aufnahme von 1996)

G 5

Ein Zug der Baureihe 475, aufgenommen im Sommer 1992, wird wenig später in Richtung Lichtenberg weiterfahren

Treppenabgang vom Bahnsteig F zum Bahnsteig D. Das Geländer auf Granitsockel ist eine sehr solide und auch gut gestaltete originale Schlosserarbeit (Aufnahme von 1984)

Ringbahntreppe an bis kurz vor die mittlere Fußgängerbrücke überdacht. Die 15 Stützenpaare aus Gusseisen entsprechen bis auf Abweichungen in der Kapitellplastik denen des Bahnsteigs F. Die sechs westlichen Stützenpaare haben eine etwas geringere Schafthöhe als die östlichen. Zum Ausgleich sind ihre Sockel höher gesetzt. Das hat zur Folge, dass vom Sockelprofil eine sonst allgemein unter dem Pflaster liegende breitere Partie sichtbar wird. Die Stützenpaare stehen in einem Abstand von 9 m bei einer Spannweite von 5,10 m. Über den Stützenpaaren sind auch auf diesem Bahnsteig Binder mit Zuggliedern und Holzsparren gebildet. Über den neun östlichen Achsen sind noch profilierte Sparren und Pfetten aus der Erbauungszeit vorhanden, die eine jüngere Schalung mit Bitumendeckung tragen. Über den westlichen Achsen liegt auf unprofilierten Holzsparren und Pfetten eine Trapezblechdeckung

Auf dem Bahnsteig E steht ein Aufsichtshaus, das der engen Stützenspannweite wegen mit 2,90 m ungewöhnlich schmal, dafür aber mit 10,50 m auch außerordentlich lang gebaut worden ist. Es enthält außer dem

Austritt der Ausgangstreppe zum Norden (Aufnahme vom Juni 1999)

Aufsichtsraum einen Kiosk. Abgesehen von seinem schmalen Grundriss gleicht das Dienstgebäude der Aufsicht in Konstruktion und Gestaltung dem des Bahnsteigs F. Infolge von vereinfachenden Instandsetzungen sind die Ornamente aus roten Ziegeln in gelben Gefachen jedoch nur noch vereinzelt vorhanden und grob abgestrahlt. Die westliche Treppe zum Bahnsteig A ist eine Stahltreppe in den Konstruktionsformen der letzten Jahrzehnte.

Der Bahnsteig D bedient den aus der Ostbahn hervorgegangenen Linienverkehr zwischen der Stadtbahn und Lichtenberg beziehungsweise darüber hinaus. Er nimmt das Gelände des ersten Empfangsgebäudes und seines ehemaligen Vorplatzes ein, geht westlich in voller Breite bis an die alte Stützmauer des Bahnsteiges A heran und schließt östlich schmal an die Treppe zum Ringbahnsteig F an.

An der südwestlichen Ecke des dreieckförmigen Bahnsteigs tritt die bereits beschriebene Treppe zum Bahnsteig A an. Im Mittelbereich überquert ihn die Fußgängerbrücke. Zwei ihrer Stützrah-

Blick vom Bahnsteig F nach Norden (um 1934), rechts das markante Turmgebäude der Knorr Bremse GmbH. Gut zu erkennen ist das Mosaikpflaster als Bahnsteigbelag

Das Aufsichtshaus auf dem Bahnsteig E enthält außer dem Aufsichtsraum noch einen Kiosk (Aufnahme vom Juli 1999)

Der Rest der Überdachung auf Bahnsteig A (Aufnahme August 1999)

men stehen auf dem Bahnsteig auf. Über eine überdachte Treppe, die an deren Ostseite auf die Fußgängerbrücke hinaufgeführt wird, ist der Bahnsteig D mit den beiden Empfangsgebäuden verbunden.
Die Lage zwischen historischen Gleistrassen bewirkt bis heute die Verbreiterung des Bahnsteiges nach Westen und die gekurvte Bahnsteigkante an der Nordseite. Wohl der Krümmung wegen ist der Bahnsteig auch nach der letzten Erhöhung wieder mit dem traditionellen Mosaikpflaster befestigt worden.
Das Bahnsteigdach wird von 14 Stützpaaren getragen. Stützen und Dächer sind nach dem gleichen Prinzip gestaltet wie auf dem Bahnsteig A. Die etwa

Ein Zug der S 5 nach Strausberg kommt im Juli 1992 vom Ostkreuz und wird wenige Sekunden später an der Station Nöldnerplatz halten

6,50 m breiten Dachflächen folgen der südlichen Bahnsteigkante genau und der nördlichen mit erheblicher Abweichung. Sie sind als Pultdächer zur Bahnsteigmitte geneigt. Am schmalen Ostende des Bahnsteigs sind diese Pultdächer grabendachartig zusammengeführt. Das Gesamtdach hat damit einen Y-förmigen Grundriss, eine Form, die schon 1927 die Gestalter des Filmes „Berlin, Symphonie einer Großstadt" (Regie: Walter Ruttmann) ungewöhnlich, aber für diesen Ort sehr typisch fanden. Dementsprechend sind die beiden östlichen Stützenpaare zu Rahmen verbunden. Weshalb kurz nach der Jahrhundertwende fast gleichzeitig völlig verschiedene Stützenformen – die noch vom Spätklassizismus bestimmten Säulenpaare auf Bahnsteig E und die hochmodernen Walzstahlstützen auf D – zum Einsatz kamen, konnte bislang nicht geklärt werden.

Wie hier die beiden Epochen aufeinandertreffen, ist jedoch einzigartig und kann dem Betrachter etwas von der Umbruchsituation jener Zeit vermitteln. Zu verweisen ist auch darauf, dass diese T-Stützen-Form etwa gleichzeitig bei der von der S-Bahn völlig unabhängigen Berliner U-Bahn zum Einsatz kam. Funktional und organisch gestaltet sollte sie sich über Jahrzehnte hinweg kaum verändern.

Das Aufsichtshaus im mittleren Bereich dieses Bahnsteiges entspricht in Gestaltung und Zustand denen auf den Bahnsteigen F, A und E.

Westlich der Fußgängerbrücke steht ein zweites Dienstgebäude dieses Typs. An diesem haben sich mehrere originale Fenster erhalten.

Blick vom Bahnsteig E nach Nordosten zum Bahnsteig D (um 1934). Auf Bahnsteig E sehen wir neoklassizistisch geformte Gußeisensäulen, auf Bahnsteig D dagegen solche aus Walzstahl in sachlich moderner Form aus der Zeit nach der Jahrhundertwende

Weiter westlich folgt ein eingeschossiges Toilettengebäude. Es ist ein Putzbau mit hochliegenden Fensterbändern, der als Provisorium nach dem Verlust des alten Empfangsgebäudes errichtet wurde. Von diesem sind noch Grundmauerreste erhalten geblieben. Sie fassen eine kleine Plattform, auf der ein eingeschossiges, ebenfalls provisorisches Bauwerk steht.

Wie im 2. Kapitel bereits ausgeführt, ist die Fußgängerbrücke gleichzeitig mit den beiden Empfangsgebäuden im Norden und Süden im Jahre 1923 entstanden, um diese mit den Bahnsteigen zu verbinden. Zu ihr gehören vier Treppen zu den beiden Empfangsgebäuden und zu den tiefliegenden Bahnsteigen D und E.

Die Brücke liegt mit großen Spannweiten auf gemauerten Pfeilern, im Bereich des Bahnsteigs D auf zwei Pendelrahmen aus vernieteten Stahlblechen auf. Im nördlichsten, dem breitesten Feld wird die Brücke von fünf vernieteten Vollwandträgern getragen, die eine Höhe von etwa 1 m haben. In den südlichen Feldern bestehen die Längsträger aus einer Stahlfachwerkkonstruktion gleicher Höhe. Über diesen Trägern liegt die seit 1926 überdachte Fussgängerbrücke. Ihre Wand- und Dachkonstruktion besteht aus leichten Stahlprofilen, die Brüstungen sind aus Stahlbeton. Darüber ist ein durchgehendes Fensterband mit enger Stahlsprossenteilung gebildet.

Im Inneren ist der lange Gang im Abstand von etwa 3,50 m durch Binder gegliedert, die mit ihren kleinen Knotenblechen am First und an den Traufpunkten sehr leicht wirken. Auch die

Züge des „Städteschnellverkehrs" boten schnelle Verbindungen u.a. mit Dresden. Am 12. April 1976 hat die 01 2016 – zu diesem Zeitpunkt älteste aktive 01 – diese Arbeit zu erledigen und passiert schon recht flott den Bahnhof Ostkreuz, wo am Bahnsteig E manch einer dies interessiert verfolgt

Beeindruckend in ihrer architektonischen Großzügigkeit ist die Schaltwarte Markgrafendamm. Rechts die Messing-Uhr, die unter dicker Ölfarbe verborgen, erst bei der Modernisierung 1995/96 wieder entdeckt wurde

schlank bemessenen Zugstangen, die mit etwas Abstand neben den Bindern von Traufpfette zu Traufpfette spannen, tragen zur Eleganz der Wirkung bei.
Der Boden des langen Gangs besteht in den gut erhaltenen Teilen aus einem sehr schlichten Estrich, der jetzt allerdings Risse zeigt.
Zwischensparren und Zwischenpfosten teilen die Binderfelder, so dass ein Teilungsmodul von 1,75 m bis 1,80 cm entsteht. Diese Teilung ermöglicht es, mit Öffnungen und begleitenden Fen-

sterfeldern auch bei den Treppenabgängen und beim ehemaligen Abzweig zum Bahnsteig A im Rhythmus zu bleiben. Der Abzweig der Fußgängerbrücke zum Bahnsteig A, der einst so genannten Rennbahn, die im Krieg zerstört und nicht wieder aufgebaut wurde, ist jetzt geschlossen, aber an der Giebelform des Wandfeldes deutlich zu erkennen.

Licht und Schatten, ein Kabelmerkzeichen und die modernen Walzstahlträger

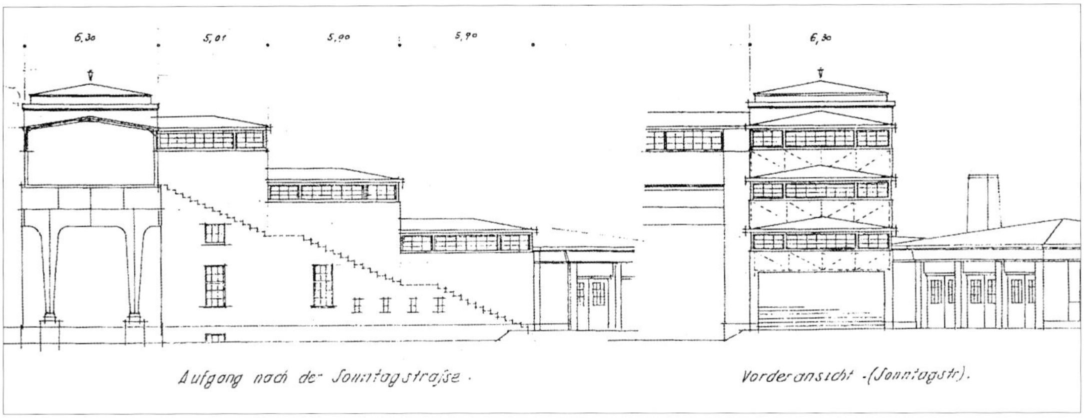

Detail aus der Überdachung der Treppenaufgänge an der Fußgängerbrücke, gez. Brademann, 1926

Gesamtansicht der Fußgängerbrücke vom Wasserturm aus (Aufnahme vom Juni 1991)

Im Krieg wurde auch der südliche Teil des Überwegs zerstört und danach in vereinfachter Konstruktion ohne Überdachung instandgesetzt. Man verwendete hierzu Teile einer Fußgängerbrücke vom S-Bahnhof Hoppegarten. Ursprünglich waren alle vier Treppen überdacht, heute ist die Überdachung nur noch an den Treppen zum nördlichen Empfangsgebäude und zum Bahnsteig D erhalten. Wie der Südteil der Brücke sind die Treppen zum südlichen Empfangsgebäude und zum Bahnsteig E in sehr einfachen Zweckformen wieder aufgebaut worden – zum Bahnsteig E 1950 in Mauerwerk, zum Südausgang wahrscheinlich in den achtziger Jahren in Schweisskonstruktion.

Der ursprüngliche Bestand des Überwegs beginnt nördlich der Treppe zum Bahnsteig E. Hier wird der Boden noch bis zum Abgang nach Bahnsteig D von Holzbohlen gebildet, ein Provisorium, das sich jahrzehntelang gehalten hat. Nach restauratorischen Untersuchungen waren die Konstruktionsteile der Brücke sowie die Brüstungsfelder in einem hellen Ton und die Fenster in hellgrün hervorgehoben.

Aus der Zeit vor der Überdachung, also zwischen 1923 und 1926, sind noch die Treppenwangen mit ihren über den Treppenläufen liegenden ehemaligen schrägen Brüstungslinien sichtbar. In der zweiten Bauphase sind die Wände höher hinaufgeführt worden und treppen oben mit drei großen Stufungen ab. Über jedem Wandabschnitt liegt ein eigenes horizontales Fensterband, in den Proportionen denen des Überwegs entsprechend. In dieser Stufung ist auch das Dach über dem Treppenhaus gegliedert. Ein Fensterband erscheint in der Ostansicht über dem Zugang zur Treppe, und darüber bauen sich von Dachstufe zu Dachstufe zwei weitere Fensterbänder auf, bis zur Höhe des Überwegs.

Die Treppenstufen in den Aufgängen sind als 6 cm starke Kunststeinplatten über Stahlsetzstufen ausgebildet und haben ein Steigungsverhältnis von 15/33 cm. Die Wandhandläufe bestehen aus Stahlrohr von 40 mm Durchmesser. Die horizontalen Teile an den Podesten sind jeweils an den Handlauf der unteren Treppe angeschlossen. An den Enden gehen die Rohre in gusseisernen Schnecken über. Die Konsolen aus Rundstahl von 20 mm Durchmesser sind mit einem Radius von 80 mm viertelkreisförmig gebogen. Ihre Wandrosetten aus glattem Stahlblech haben einen Durchmesser von 60 mm.

Aus der Anwendung an vier nebeneinanderliegenden Zugangstreppen entlang eines ausgedehnten Überwegs mit

Die Dachfläche des Bahnsteiges D weicht erheblich von der nördlichen Bahnsteigkante ab (Aufnahme vom Juli 1999)

Facetten eines Bildes vom Ostkreuz: Schreiende Farben, bröckelnde Bausubstanz, architektonische Klasse. Bei Nacht ist es dagegen auch manchmal einfach nur eines: romantisch …

gleichartigen, durchgehenden Fensterbändern entstand ein einmaliges und für den Bahnhof Ostkreuz prägendes Bild.

Brademann lieferte mit dieser Fußgängerbrücke ein Werk funktionaler Architektur ab, das auch ästhetisch voll auf der Höhe seiner Zeit lag: Die hier geschaffene Klarheit geschichteter Kuben, deren Flächen spannungsvoll zu den dynamisierenden Fensterbändern ste-

S5 6

Bahnhof Gesundbrunnen, Fußgängerbrücke, letztes Viertel 19. Jahrhundert

hen, entspringt einer ähnlichen Intention wie die Gestalt des gleichfalls 1926 gebauten Bauhauses in Dessau. Obwohl sie auch als Torso eindrucksvoll im Raum steht, sollte man sich, wenn man die ganze gestalterische Frische und Großzügigkeit der Brücke empfinden will, die komplette architektonische Großform des Gebäudes vorstellen. An der Fußgängerbrücke wurde umgesetzt, was Brademann 1928 als Anspruch für seine Gleichrichterwerke formulieren sollte. Für ihn war „... für die bauliche Gestaltung das Zusam-

mennehmen der vielen Einzelheiten zu einer einzigen ruhigen Wirkung das Ziel, so daß das, was als Ganzes gemeint ist, auch auf den ersten Blick als Ganzes zu erkennen ist. Symmetrie der Gesamtansicht und Reihung der Einzelteile ergeben sich wie von selbst." [8]

Ein Vergleich mit der aus dem 19. Jahrhundert stammenden Fußgängerbrücke vom S-Bahnhof Gesundbrunnen zeigt, dass Brademann zwar Elemente dieses Berliner Bautyps (zum Beispiel gestaffelte Treppenhaussegmente) aufgriff, aber völlig neu und modern interpretierte. Aus den selben Einheiten bestehend, aber in anderer Komposition findet sich von Brademann noch die Brücke des 1928 gebauten und 1998 wiedereröffneten S-Bahnhofs Eichkamp. Auch die Gestaltung von Bahnsteighallen, wie in Westkreuz, sollte das von Brademann entwickelte Formenrepertoire (Fensterteilung als Raster von kleinen Querrechtecken) beeinflussen.

Am Empfangsgebäude der 1935 eröffneten S-Bahnstation Bornholmer Straße zeigt sich zwar, wie Brademann seine moderne Formensprache in hohem Maße geklärt und perfektioniert hat, es wird aber auch eine gewisse gestalterische Härte (zum Beispiel an den Gesimsen) deutlich, die der Fußgängerbrücke am Ostkreuz noch nicht anhaftet und die wohl einer allgemeinen Tendenz der dreißiger Jahre geschuldet ist.

Die Empfangsgebäude

Das im Zweiten Weltkrieg zerstörte erste Empfangsgebäude von 1882 war dem Bahnsteig A vorgelagert. Von seinem Obergeschoss, in dem die Fahrkartenschalter und die Sperre lagen, konnte man über eine kurze Brücke geradewegs den Bahnsteig A erreichen. Von diesem aus führten eine Unterführung zu den Bahnsteigen B und C und Treppen zu den Bahnsteigen D und E.

Nach der Eröffnung des Bahnsteiges F im Jahr 1902 waren für diesen neue Zugänge einzurichten, die nördlich und südlich in den Vorhallen der Treppenaufgänge ihren Platz fanden.

Das Bedürfnis, den Zugang zu allen Bahnsteigen zu bündeln, hat 1923 zum

Bahnhof Bornholmer Straße, Richard Brademann, 1935

Bau von zwei Empfangsgebäuden nördlich und südlich des gleichzeitig angelegten Überwegs geführt. Diese versehen bis heute ihren Dienst. Der ursprünglichen Funktion nach hatten sie Zugang oder Abgang für eine ungewöhnlich große Zahl von Bahnbenutzern zu regeln. Dafür war je eine Halle mit breiten Zugängen vom öffentlichen Raum her notwendig. Dieser Halle waren Fahrkartenverkaufsräume mit einer ausreichenden Anzahl von Schaltern zuzuordnen. In den durch breite Ausgangstüren verlaufenden Fluss der Benutzer zu den Bahnsteigen hin waren Sperren mit Boxen für die Bahnsteigschaffner einzuordnen.

Nur diesem Programm hatten die Empfangsgebäude zu entsprechen. Zusätzliche Leistungen, wie etwa die Gepäckabfertigung oder -aufbewahrung, waren seit dem Wegfall des Fernverkehrs am Bahnhof Ostkreuz nicht mehr erforderlich. Für Diensträume war im alten Empfangsgebäude ausreichend Raum. Das für die S-Bahnbenutzer erforderliche Funktionsprogramm ist in beiden Empfangsgebäuden klar und übersichtlich, nach der städtebaulichen Situation differenziert, erfüllt worden.

Beide Baukörper sind eingeschossige Mauerwerksbauten mit flach geneigtem, nach mit allen Seiten abgewalmtem und bitumengedecktem Dach.

Die Putzfassade aus grobem Spritzputz wird von einem glatten, leicht vorspringenden Sockel getragen. Die aufgehenden Wände haben breite, ungegliederte Eckfelder. Zwischen diesen Gebäudeecken ist die Fassade durch schlichte

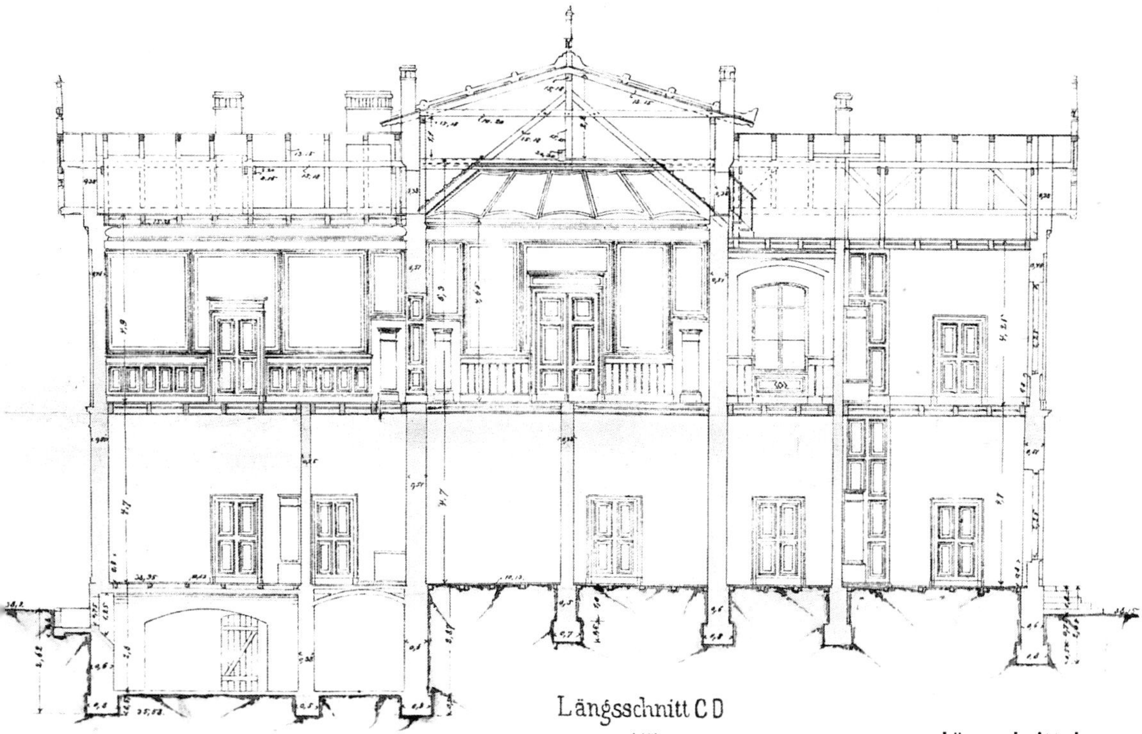

Längsschnitt des Empfangsgebäudes Stralau-Rummelsburg, 1881

Pilaster ohne Basis- oder Kapitellprofile gegliedert. Die Pilaster fassen die hochrechteckigen Fenster ein, die über einem ungegliederten Brüstungsfeld bis unter den Architrav geführt sind. Diese enge Reihung der hochrechteckigen Fenster verleiht den Fassaden einen straffen Rhythmus. Der Architrav ist über einer kleinen Profilstufe leicht nach aussen geneigt und wird damit zugleich zum Gesimsprofil. Darüber kragt der aus Holz gebildete Dachkasten kräftig aus. Die Fenster sind in fünfzehn etwa quadratische Scheiben geteilt, davon sechs über dem Kämpfer.

Das nördliche Fahrkartenverkaufsgebäude baut sich über einem sechseckigen Grundriss auf. Beim Zugang zur Sonntagstraße führt die (nur noch an der Ostflanke intakte) enge Fensterreihung optisch zur beherrschenden Mittelpartie hin. Flankiert von zwei 1 m und 3 m breiten Eckpfeilern schwingt diese mit ihren drei Eingangspaaren konkav zurück (Durchmesser 18 m), wird aber durch die geradlinig über die gesamte Breite durchgezogene Dachkante wie von einer Bogensehne in Spannung gehalten. Die Eingänge selbst liegen in Geländehöhe. Die Türstürze liegen als flache Rechteckfelder mit Profilrahmen und Zahnleiste unter dem Architrav. Ursprünglich hingen in den Öffnungen Pendeltüren, die im unteren Teil mit gehämmertem Messingblech bekleidet und darüber mit je neun Scheiben verglast waren. Sie fehlen heute.

Insgesamt ist die Fassadenarchitektur der beiden Empfangsgebäude zwar am

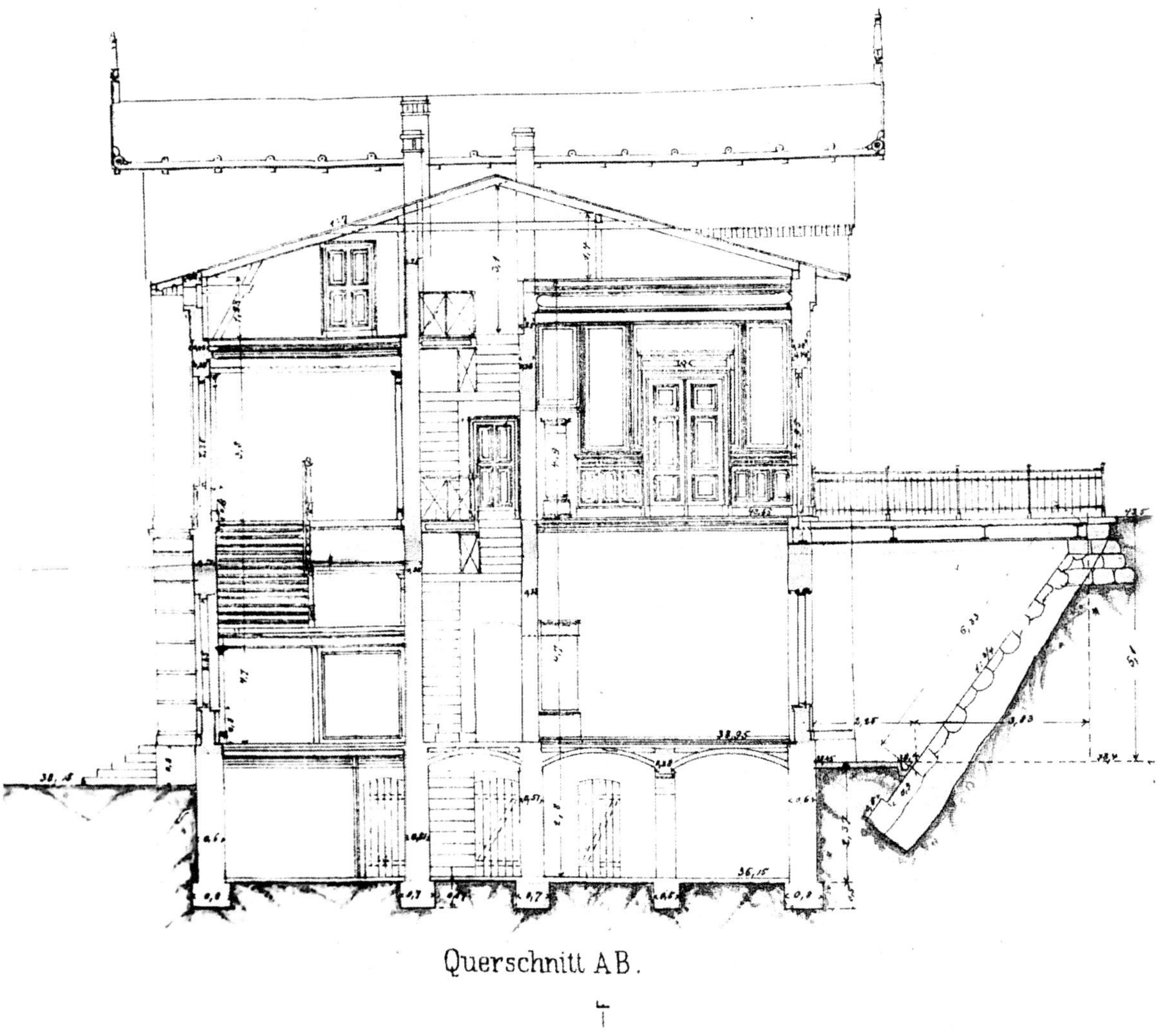

Querschnitt und Seitenansicht des Empfangsgebäudes, 1881

Klassizismus orientiert, in den Details jedoch reduziert und zum Teil dynamisiert. Damit weisen sie eine Stilhaltung auf, die an der Schwelle zur Moderne steht und in ihrer Mischung aus Strenge und Expressivität typisch für die Architektur der frühen zwanziger Jahre in Berlin ist. Diese Zeit liebte Grundriss- und Detailformen, die polygonal, im Sinne kristalliner Kanten aufgesplittert waren. Mit der sechseckigen Grundrissform des Empfangsgebäudes Nord nahm Brademann den Grundgedanken für seinen vier Jahre später gebauten Bahnhof Wannsee vorweg. Im Kleinen ist das hier beschriebene Phänomen auch an den beiden mehreckigen Pfeilern neben dem Empfangsgebäude Nord abzulesen.

Hier, an einem Kreuzungspunkt der Metropole, war es ihm möglich, eine großstädtische Architektur zu schaffen,

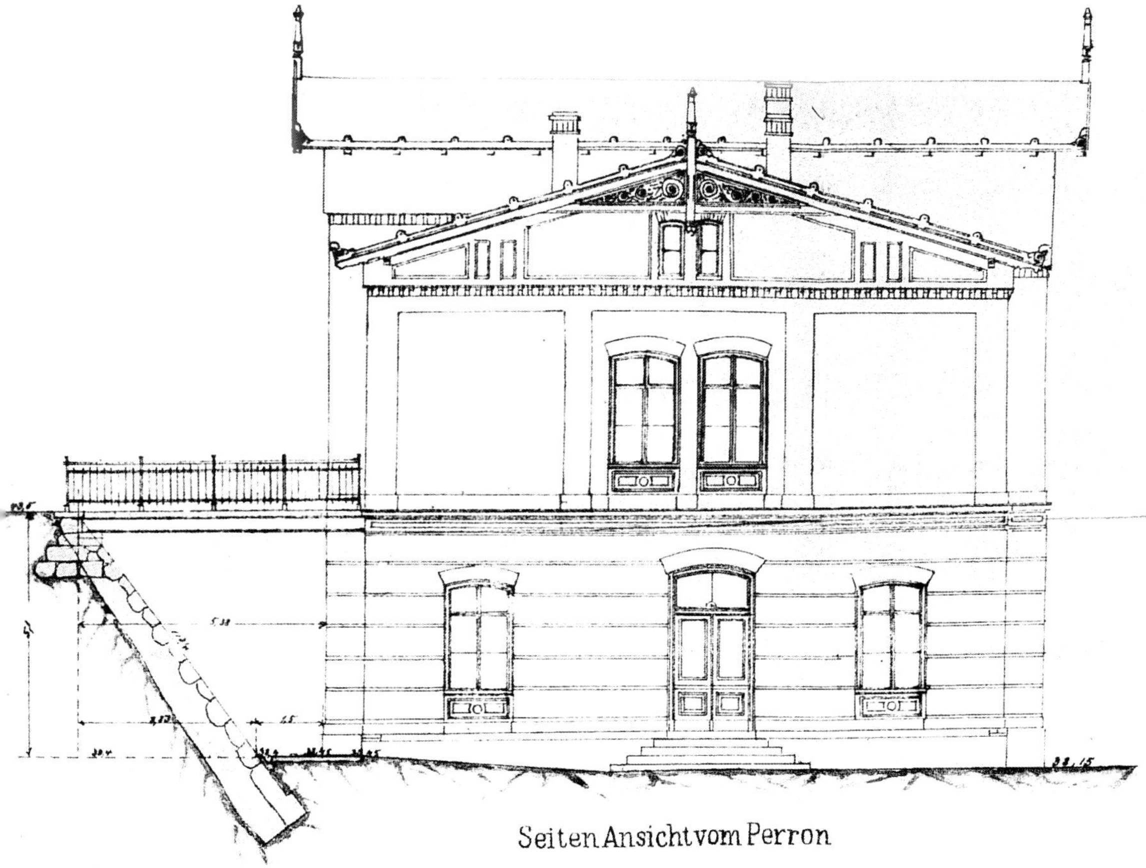

Seiten Ansicht vom Perron

der N.M.E

im Gegensatz zum ihm nicht unbedingt genehmen ländlichen Modus, wie er ihn im selben Jahr in Hohen Neuendorf umzusetzen hatte. Gemeinsam ist den Empfangsgebäuden von Ostkreuz und Hohen Neuendorf immerhin der Klötzchenfries über den Eingängen, der sich an preußischen Bahngebäuden des 19. Jahrhunderts öfter findet (zum Beispiel beim Beamtengebäude Markgrafendamm).

Im Innern wird die repräsentative Gestaltung fortgesetzt, aber weiter vereinfacht. Hinter der eingetieften Eingangsfront erreicht man die quergelagerte, sechseckige, 23,3 m x 9,6 m große Schalterhalle. Ursprünglich waren die drei Außenwände in der ganzen Breite für Öffnungen genutzt worden. Tageslicht kam an der Mittelwand durch die verglasten Oberteile der sechs Pendeltüren. Die anschließenden Wände des

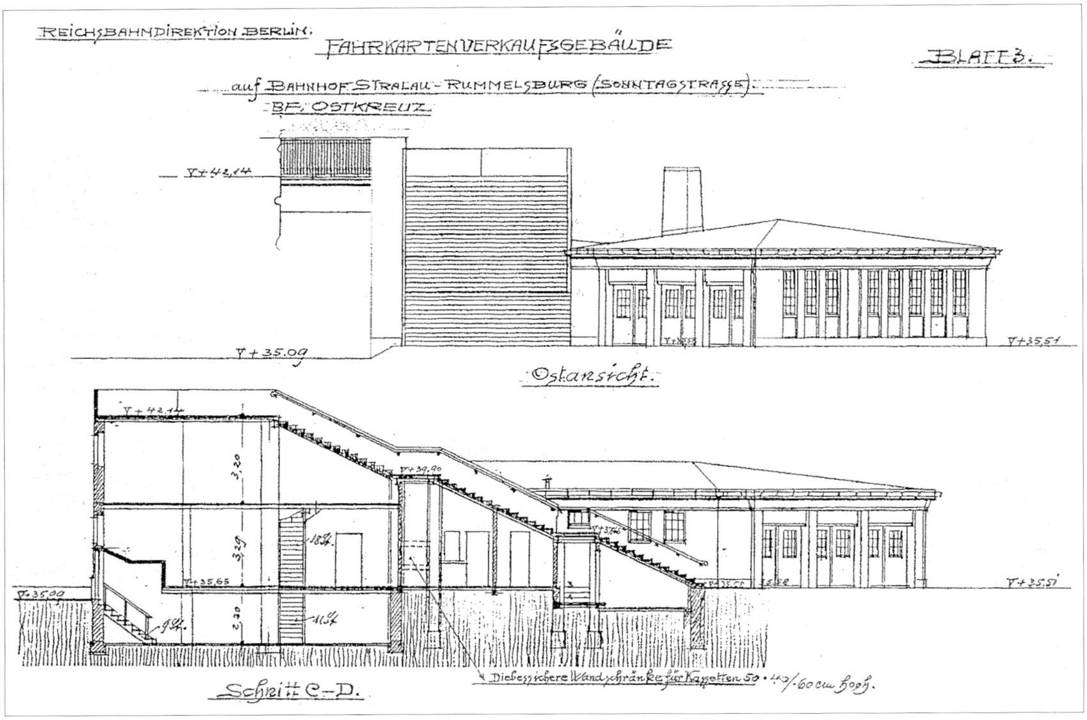

Fahrkartenverkaufsgebäude an der Sonntagstraße (Ostansicht) und Treppenaufgang zur Fußgängerbrücke, gesamtes Projekt gez. Brademann, 1923

Sechsecks waren von je fünf hohen Fenstern durchbrochen. In den Hallen ist ein dem Äußeren ähnlicher, zum Raum geneigter Architrav ausgebildet, der auch Unterzüge mit einfasst.

Die dem Eingang gegenüberliegende Innenwand und die im stumpfen Winkel rechts daneben anschließende Wand waren von je vier Schalteröffnungen eingenommen. Ihre heute nicht mehr vorhandenen Schalterfenster waren hochrechteckig und durch je fünf Horizontalsprossen geteilt. Zwischen ihnen gab es schmale Putzrahmen. Die Zugangstür zum Schalterraum ist als Drei-Füllungs-Tür mit kräftigen Friesen gestaltet. Links neben der Mittelwand liegt unter einem starken Unterzug die wandbreite Öffnung zu einem rechteckigen Raumbereich, in dem früher die Bahnsteigsperre untergebracht war. Diese bestand aus drei Boxen mit je zwei Arbeitsplätzen für die Bahnsteigschaffner und sechs schmalen Durchgängen zu den drei Doppeltüren, die zu den Wegen auf dem Bahnhofsgelände führen.

Dieser Raumteil, der zur nordöstlichen Aussenwand drei hohe Fenster hat, gehört der Geometrie nach zur Reihe der Räume, die die Eingangshalle südlich so umschließen, dass ein zweites, größeres Grundrisssechseck entsteht. Es enthält außer dem Raum der Sperre zwei Raumbereiche, die sich den Fahrkartenschaltern zuordnen und entsprechend unterteilt sind.

Südlich ist ein Flur abgeteilt, von dem aus Nebenräume für Fahrkartenvorräte, Garderoben, Toiletten usw. erschlossen sind. Diese Räume sind unter die aufwärts gehenden Läufe des Fußgängerüberweges geschoben, der südwärts anschließt. Heute sind die Pendeltüren des nördlichen Empfangsgebäudes und die Einbauten der Sperre verschwunden. Anstelle der acht ursprünglichen Schalter ist nur noch einer mit verbrei-

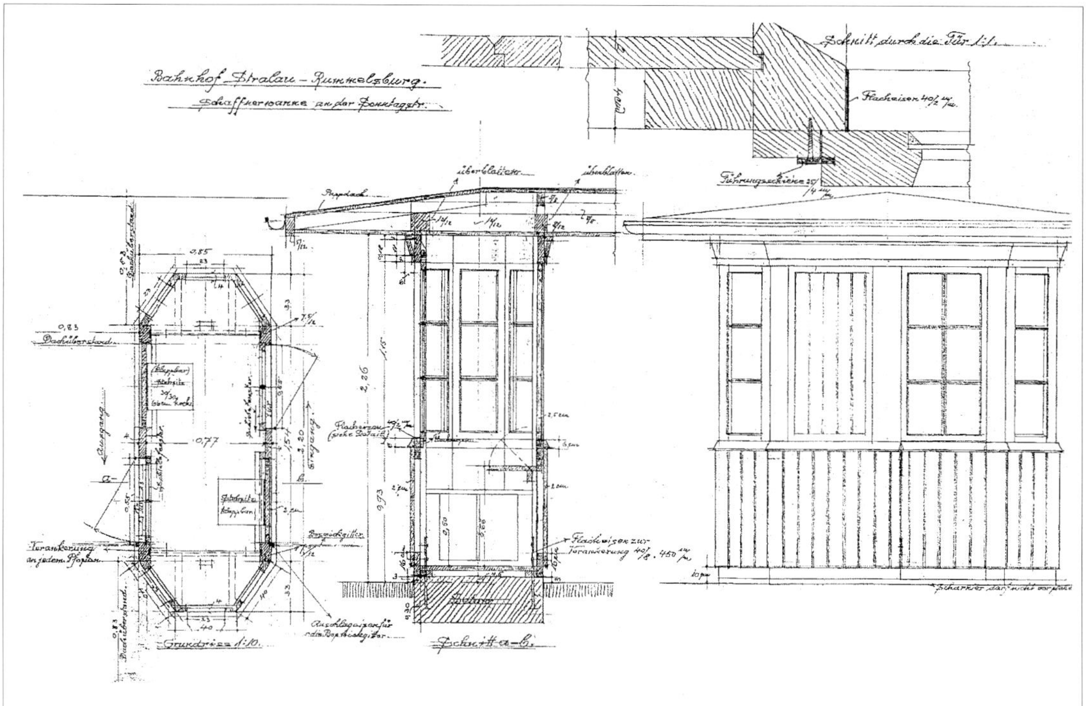

Schaffnerwanne an der Sonntagstraße, 1923

terter Öffnung vorhanden. An der Westseite ist ein dreieckiges Kompartiment des langgestreckten Sechsecks der Eingangshalle durch eine Zwischenwand abgetrennt.

Der komplizierte spitzwinklige Grundriss des nördlichen Empfangsgebäudes war funktional eine Antwort auf das spezielle Erfordernis, sich in den eingeschränkten Raum zwischen der Nordkurve, der Ost-West-Strecke und der schräg weiterführenden Sonntagstraße einzufügen. Dabei bestand die Aufgabe, den Fahrgaststrom zu dem zu dieser Schräge parallel ansetzenden Fußweg zum Bahnsteig F sowie zur Fußgängerbrücke zu leiten.

Gegenüber dem Empfangsgebäude Nord steht ein niedriger Bau, in dem sich früher ein Friseurgeschäft befand (auf den Plänen von 1923 „Verkaufsbude"). Auch er dürfte von Brademann stammen. Das expressive Gesims weist darauf hin.

Wie an anderen Bahnhofsvorplätzen kam es Brademann selbst in diesem schwierigen Gelände darauf an, einen Platzraum zu schaffen, der zum Bahnhof vermittelte und dem Fahrgast einige Dienstleistungen bot.

Viel einfacher sind die lokalen Beziehungen auf der Südseite. Die Treppe, die vom und zum Fußgängerüberweg führt, beginnt auf einem eingezäunten Fußweg, der parallel zu den Schienensträngen west-östlich an den Fuß der Zugangstreppe des Bahnsteiges F heranreicht. Gleichlaufend zu diesem Weg liegt weiter südlich ein Stück des Straßenzuges Marschallstraße – Hauptstraße. In den Zwischenraum dieser Parallelen ist im Jahr 1923 das südliche Empfangsgebäude als langgestrecktes Rechteck eingefügt worden.

Es hat die selbe Aufgabe und die selbe Formensprache wie das nördliche. Die Gruppierung der Öffnungen und die Grundrissform orientieren sich jedoch

Empfangsgebäude an der Sonntagstraße (um 1934)

an den einfacheren Lagebeziehungen des Gebäudes.

Die Südfassade an der Hauptstraße hat am Westende zwei Zugangstüren. Am Ostende ist lediglich eine angeordnet, vermutlich weil man aus dieser Richtung mit einer niedrigeren Besiedlungsdichte geringere Passagierströme erwartete.

Hinter beiden Eingängen lag quergelagert die rechteckige Eingangshalle in der vollen Gebäudebreite. Drei Fenstergruppen mit je fünf Fenstern gaben der Halle Licht, eine im Süden zwischen den Eingängen, eine im Osten, eine im Westen.

Die Halle war an der Nordwand mit fünf Fahrkartenschaltern ausgestattet. Links davon führte eine breite Öffnung zur Sperre, die in der gleichen Weise eingeteilt war wie beim nördlichen Empfangsgebäude. Zwischen der Sperre und dem Bahngelände sind auch hier drei Doppeltüren angeordnet. In dem schmal rechteckigen Raumbereich nördlich der Halle lagen die Fahrkartenausgaben mit Flur und sehr knapp gehaltenem Nebenraum.

Im heutigen Zustand ist nur noch der westliche Zugang erhalten; die Sperre ist ausgeräumt, geradewegs kommt man durch die alten Öffnungen zum Bahngelände. Von den Pendeltüren ist nichts mehr vorhanden. Der größere, östliche Teil der Halle ist abgemauert worden, um Diensträume zu gewinnen. Fahrkartenschalter sind nicht mehr vorhanden.

Am Südende des Ringbahnsteigs F und von diesem aus zugänglich liegt das unter dem Schutzgut des Bahnhofs Ostkreuz aufgelistete, 1912 gebaute Stellwerk „Oks" (Ostkreuz Süd). Auf rechteckigem Grundriss erhebt sich über einem gemauerten und geputzten Untergeschoss ein hohes Hauptgeschoss als Stahlfachwerkbau, ausgemauert mit Klinkern. Sockel und Ausmauerung sind mit Dispersionsfarbe gelblich gefärbt. Die Stahlprofile sind mit matter Kunstharzfarbe braunrot gestrichen.

Das Dach mit breitem holzverschaltem Überstand ist flach, allseitig abgewalmt und mit Bitumenbahnen gedeckt. Die Türen und Fenster im Untergeschoss sind bedeutungslose Anfertigungen aus den letzten Jahrzehnten. Im Hauptgeschoss sind die ursprünglichen Öffnungen teilweise zugesetzt. Die Fenster sind unproportioniert geteilt und gehören nicht mehr zum ursprünglichen Bestand.

An dieser Stelle muss auf die nicht in der Denkmalliste aufgeführten Stellwerke „Oko" (1914 gebaut, Architekt Cornelius) und „Okn" (1953 gebaut) hingewiesen werden, die gleichwohl von guter architektonischer Qualität sind.

Das um 1910 gebaute Beamtenwohnhaus Sonntagstraße 37 ist ein zweigeschossiges Gebäude mit ausgebautem Steildach. [4]

Sein Grundriss setzt sich aus einem nord-südlichen und einem ost-westlichen Rechteck so zusammen, dass sich

Empfangsgebäude an der Sonntagstraße und Treppenaufgang der Fußgängerbrücke vom Bahnsteig F aus (um 1934)

4) 1998 brannte das Dachgeschoss aus und ist seitdem nur notdürftig abgedeckt.

Empfangsgebäude an der Hauptstraße (um 1934)

Ostkreuz

Blick in das Innere des Wasserturms (Aufnahme von 1993)

die Giebel des etwas breiteren nordsüdlichen Baukörpers wie Eckrisalite dem ostwestlichen Längsbaukörper zuordnen. Diese Grundrissform ist die Basis für ein hohes Krüppelwalmdach mit nord-südlichem First. An dieses Dach fügt sich westwärts der etwas niedrigere First des anderen Baukörpers an. Dieses Dach endet am Westgiebel ebenfalls mit einem Krüppelwalm.

Der Sockel des Hauses ist bis zur Brüstung der Erdgeschossfenster verklinkert. Im Erdgeschoss ist die Fassade mit einem gelblich grauen Kratzputz verputzt. Fensterfaschen und Leibungen sind glattgezogen. Zwischen Erd- und Obergeschoss ist ein bündig liegendes Gurtband aus vier Lagen roter Klinker gebildet. Darauf baut mit weiteren horizontalen und vertikalen Klinkerstreifen eine fachwerkartige Gliederung auf. Sie führt bis unter die Traufen und Giebel der weit überstehenden Pfettendächer. Die Putzfüllungen zwischen den Gliederungen weisen den gleichen Wandputz wie das Erdgeschoss auf.

Ein Erker mit Balkon in klassizisierenden Formen, ein vorspringendes Treppenhaus mit schmalem Steildach und die Überdeckung der Eingänge mit kleinen Krüppelwalmdächern auf Holzkonsolen verstärken die romantische Gesamtwirkung dieses Wohnhauses im grünen Nordwinkel des Bahnhofsbereiches.

Die Deckung mit roten Pfannen ist jüngst erneuert worden. Mauerwerk und Putz sind ohne gravierende Schäden, Fenster und Türen großenteils noch original. Das Gebäude ist von großenteils ausbesserungsbedürftigen Klein- und Mosaikpflasterwegen umzogen. Hinter ihm liegen Hausgärten, teilweise als Terrassenanlage an der Nordkurvenböschung.

Der Wasserturm

Der 1912 gebaute Wasserturm liegt in einem Winkel der Böschungen zwischen der Ringbahn und der Südkurve im südlichsten Zipfel der Bahnhofsanlage. Über eine Pumpstation mit Wasser aus dem Rummelsburger See gespeist, diente er hauptsächlich der Versorgung der Dampflokomotiven.

Er erhebt sich über einer kreisrunden Grundfläche von etwa 12 m Durchmesser. Der Behälter, dessen Unterkante 40 m hoch liegt, fasst 400 m^3 Wasser. Zum Schutz vor Verqualmung ist der Turmschaft mit braun glasierten Klinkern verkleidet. Er verjüngt sich leicht nach oben und lädt dann in weicher Kurve zum Dachgesims aus.

Über dem achteckigen Grundriss des Dachgeschosses baut sich mit acht Graten die hohe, geschweifte Haube auf. Sie ist mansarddachartig durch ein Zwischengesims gegliedert und endet in einer Kupferspitze. Diese trug dem Dachaufbau den Namen „Pickelhaube" ein. Die achteckige Haube zeigt mit dem Dachgesims und dem Mansardgesims kräftige horizontale Linien, die noch durch die Fensterbänder in den acht Dachflächen, dicht unter dem Mansartgesims betont werden. Im Gegensatz dazu sind in den Turmschacht vertikale Fensterschlitze dicht über dem Sockelwulst und dicht unter der ausladenden Gesimskurve in den vier Himmelsrichtungen eingeschnitten. Die entstandenen Vertikalen werden durch je ein kleines hochrechteckiges Fenster in der Mitte unterstützt.

Insgesamt wirkt in der Form des Wasserturmes die Eleganz des späten Jugendstils nach, besonders in der Art, wie das Dach über den Wasserbehälter herabgezogen ist, um den Kopf möglichst leicht erscheinen zu lassen. Der Turm steht stilgeschichtlich zwischen den runden wuchtigen Wassertürmen

Nördliches Empfangsgebäude und Aufgang zur Fußgängerbrücke von der Sonntagstraße (Aufnahme von 1996)

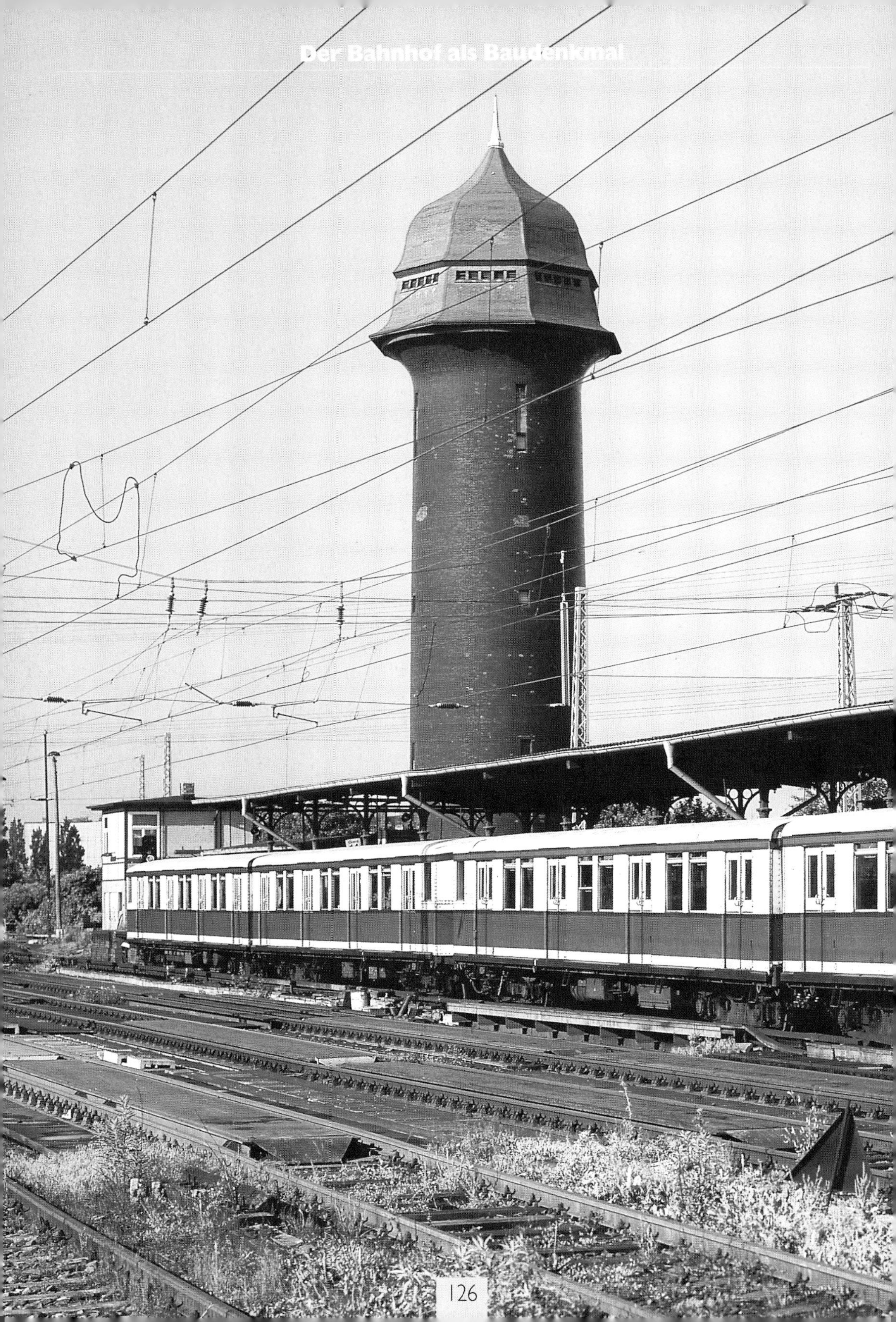

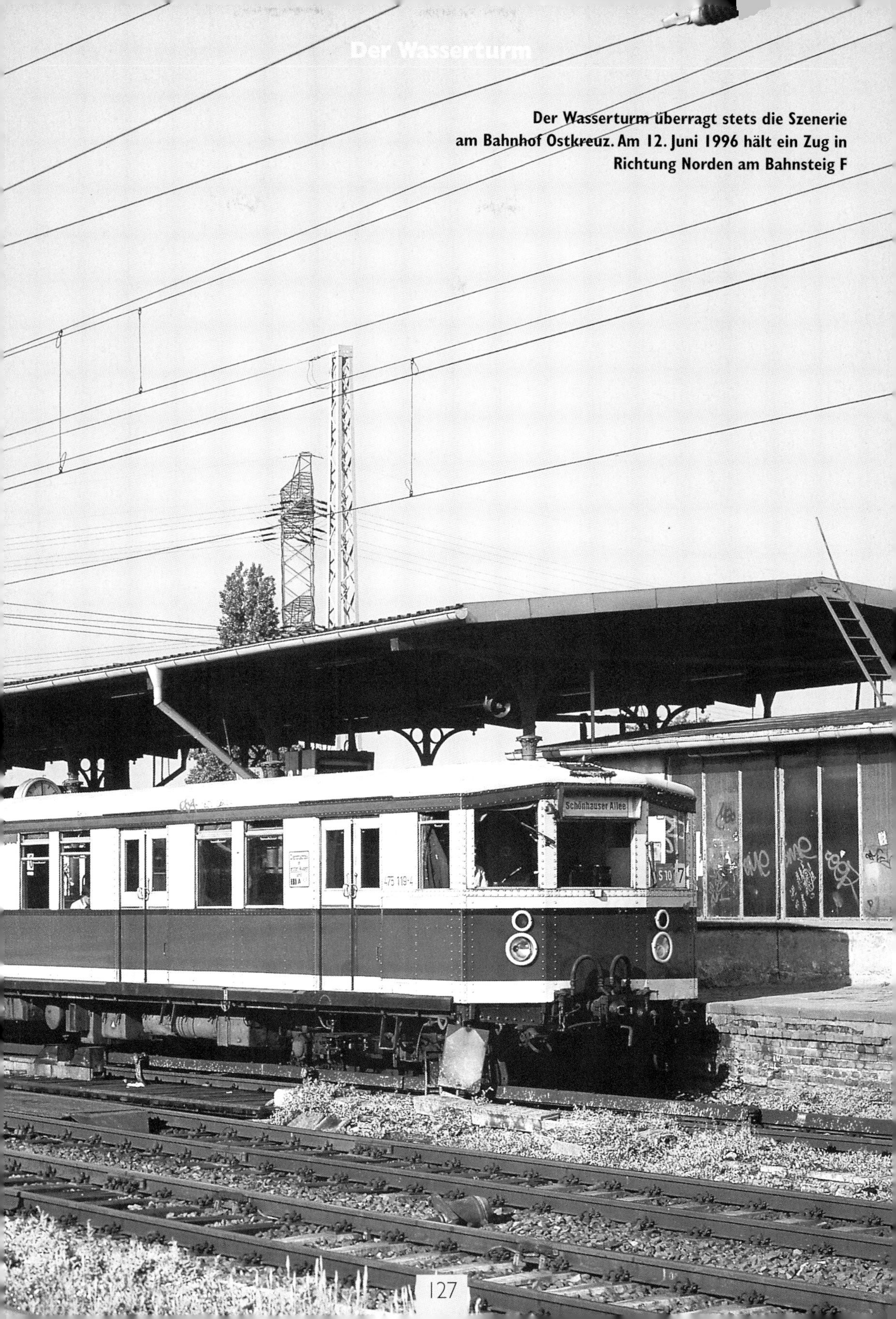

Der Wasserturm überragt stets die Szenerie am Bahnhof Ostkreuz. Am 12. Juni 1996 hält ein Zug in Richtung Norden am Bahnsteig F

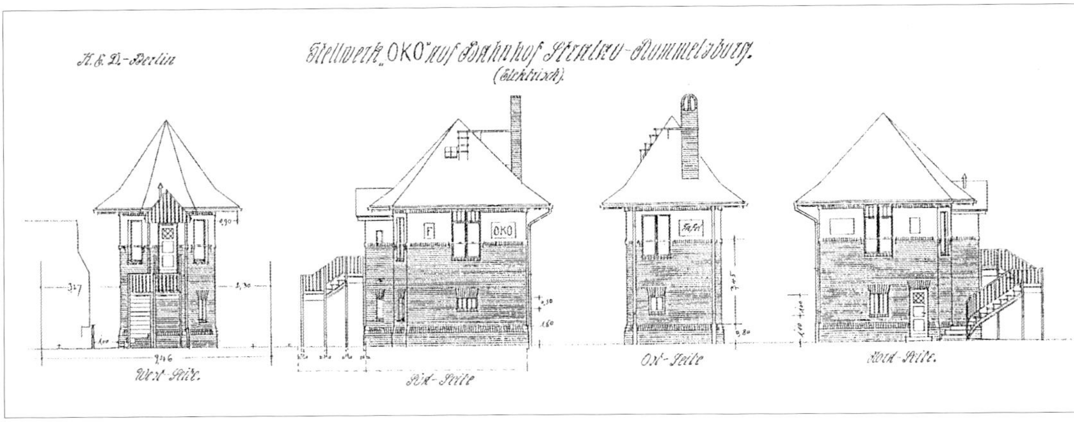

Stellwerk „Oko", gez. Rudolf Cornelius, 1914

der Jahrhundertwende, die in ihren historisierenden Formen an Burg- bzw. Stadtmauertürme erinnern sollten, und schlanken expressionistischen Varianten, wie dem Wasserturm im Volkspark Jungfernheide (1925 bis 1927 von Walter Helmcke) mit seiner polygonalen Grundfläche. Möglich wurde die gefällige Form des Kopfes, weil für den Behälter anstatt der veralteten Intzeform eine neuere zylindrische Variante mit flachem bzw. konvexem Boden für mehr Druckfestigkeit gewählt wurde.

Karl Cornelius, der wahrscheinliche Architekt des Wasserturms, hob 1915 das Interessante an seiner Aufgabe hervor: „... zu welch verschiedenen Lösungen die Verschiedenheit in der Größe des Wasserbehälters und in seinen Höhenlagen führt, eine Verschiedenartigkeit

Das 1912 gebaute Stellwerk „Oks" (Ostkreuz Süd) gehört zum Schutzgut des Bahnhofs Ostkreuz

von so großer Mannigfaltigkeit, dass sich dieselbe Aufgabe wohl kaum jemals wiederholt." Der Wasserturm am Ostkreuz ist ein unverwechselbares Wahrzeichen, das nicht nur von den Bewohnern der Gegend geliebt wird, sondern auch für verschiedene Lichtspiele benutzt worden ist.

Das ehemalige Wohn- und Verwaltungsgebäude an der Südkurve entstammt der Zeit vor 1882 (auf dem Geländeplan aus den 1870-er Jahren ist es bereits verzeichnet) und könnte der Rest einer Gruppe ähnlicher Bauten am Markgrafendamm sein. Damit wäre es das älteste noch stehende Gebäude im Ensemble Ostkreuz.

Der Baukörper ist zweigeschossig auf rechteckigem Grundriss unter einem relativ flachen, pfannengedeckten Satteldach. Aus den Seitenfassaden treten von den acht Fensterachsen die zwei mittleren als Risalit so flach hervor, dass das Dachgesims unverkröpft verläuft. Aus den beiden Giebeln ragen zweigeschossige Erker über dem Grundriss von drei Seiten eines Achtecks hervor. Beim Südgiebel sitzt der Erker auf einem blockhaften Eingangsvorbau auf.

Das Mauerwerk besteht insgesamt aus roten Hartbrandziegeln. Teilweise erscheint das Material der Köpfe heller als das der Läuferschichten, so dass sich eine Streifenwirkung ergibt. Gesimse und Lisenen sind aus vorgezogenen Normalformaten gebildet. Die Zahnleisten am Gesims des Eingangsvorbaues und der Erker sind aus vorgefertigten Viertelsteinen gemauert. Die Sockelabdeckung und die Sohlbänke der meisten Fenster bestehen aus Rollschichten. Die Fenstergewände sind normalerweise ohne besondere Gliederung im Verband, die Stürze dabei als Segmentbögen gemauert.

Die zwei Fenster des Mittelrisalits werden von Lisenen gerahmt, deren Basen und Kapitelle durch vorgezogene Schichten gebildet werden. Sie tragen leicht aufgestelzt gesonderte Segmentbögen. Über denen des unteren Geschosses sind Rahmungen und Zahnleisten in das Brüstungsfeld der Obergeschossfenster eingefügt. Diese sparsam eingesetzten Gestaltungsmittel stehen deutlich in der Ziegelbau-Tradition der Berliner Bauschule.

Die südliche Eingangstür stammt noch aus der Erbauungszeit. Die Fenster sind in der Nachkriegszeit ohne die ursprüngliche Teilung und Profilierung erneuert worden. Das Mauerwerk ist stellenweise ausgebessert.

Einmaliges Bahn-Ensemble

Wie lässt sich der Denkmalwert der Bahnhofsanlage und ihrer Teile charakterisieren? Der Gleisbereich im heutigen Bahnhof ist mit der frühen Eisenbahngeschichte der Residenzstadt Berlin verbunden.

Konsequenterweise wurden 1881/1882 im Winkel der beiden Kurven zum Zusteigen und besonders zum Umsteigen vom Südring auf den Nordring ein von großer Breite sich verjüngender Mittelbahnsteig und zwei schmale Seitenbahnsteige angelegt. So entstand das erste dominierende Formenelement des erhaltenen charakteristischen Ensembles des Bahnhofs. Gerade dieses Element ist ein signifikantes Geschichtszeugnis und verdient bleibendes Interesse.

Die bizentrale Organisation des Zugbetriebs (einerseits der Zugverkehr auf den Bahnsteigen D und E sowie in den Kurven zur Ringbahn und andererseits der Zugverkehr auf der Ringbahn) und ihre bauliche Gestalt haben sich auf dem Bahnhof Ostkreuz historisch entwickelt. Sie sind von grundlegender Bedeutung für seinen Charakter als geschichtliches und bauliches Zeugnis. Ebenso ist die Einleitung der drei östlichen Vorortstrecken in der Nachfolge von Eisenbahnlinien aus der Mitte des vorigen Jahrhunderts auf drei speziellen Bahnsteigen für jeweils beide Fahrtrichtungen historisch gewachsen und hat bis heute Bestand.

Gemeinsam mit den umgebenden Hochbauten bilden die Bahnbauten eine einmalige städtebauliche Situation, in der jede Veränderung sorgsam mit dem Blick auf das Gesamtbild vorgenommen werden muss. Auf dem Bahnhofsgelände ordnen sich die Baukörper der Bahnbauten selbst zu einer charakteristischen Baumassen- und Raumkörpersituation zusammen. Die Dämme und Brücken der Ringbahn im Osten und der beiden Kurvenstrecken im Norden und Süden schließen einen weiten Raum, in den sich unten die Gleise und Bahnsteige der west-östlichen Linien einordnen. Der hohe Rand wird noch betont durch die Fachwerkbrücken im Zuge der Südkurve und die Aufbauten über den Bahnsteigen F und A, die dortigen Dächer und Aufsichts- bzw. Stellwerksbauten. Auf die raumbildende Wirkung, die die Stützmauer vor dem Bahnsteig A zusammen mit dem gutgestalteten Empfangsgebäude gehabt haben muss und für sich noch hat, sei besonders hingewiesen.

In die Weite des Raumes sind in günstiger Lage die kleinen Empfangsgebäude, Treppen- und Übergangsbauten aus den zwanziger Jahren unseres Jahrhunderts eingefügt, als gliedernde und in ihrer eigenständigen Form bereichernde Elemente.

Durch das sinnvolle Zusammenordnen von gutgestalteten Zweckbauten ist im Verlauf von etwa fünf Jahrzehnten ein einzigartiges Ensemble von großem städtebaulich-architektonischen Wert entstanden.

Die Bemühungen, Bahnbauten und ihre Details technisch sinnvoll und architektonisch wirkungsvoll zu gestalten, wollte man von Anfang an nicht trennen und kann es auch heute nicht.

Zum Bestand der ersten Anlage von 1882 gehört die schon erwähnte Stützmauer am Westabschluss des Bahnsteigs A. Sie ist mit kräftigem Stich an die Aufschüttung angelehnt. Sorgfältig verarbeitete Werksteinquader wurden vorgeblendet.

Bemerkenswert ist die Brückenpfeiler-Situation am Ringbahnsteig. Dort ist um die Jahrhundertwende nach dem Erfahrungsschatz der innerstädtischen Viaduktbahn gebaut worden. An beiden Enden geht man vom Niveau der unteren Bahnanlagen durch einen gemauerten Bogen in eine kleine gewölbte Halle, von der aus die Treppe zum Bahnsteig antritt. Unter Stichkappen mit Werksteinrahmung sieht man noch die verschlossenen Fahrkartenausgaben der Erbauungszeit. Das Bahnsteigdach des Bahnsteiges E wird noch von gusseisernen, historistisch verzierten Stützen getragen. In ähnlicher Weise wurde die Überdachung des Bahnsteigs E gestaltet.

Historistische Details zeigen auch die kleinen Dienstgebäude auf den Bahnsteigen, die Treppengeländer und Handläufe samt Konsolen.

In den ersten Jahrzehnten des 20. Jahrhunderts folgte ein Bauen in technisch bestimmten, sachlicheren Formen. Auf dem Bahnsteig D, in geringem Umfang auch auf A, werden graben- und pultdachförmige Überdachungen von genieteten Walzstahlstützen getragen. Zu dieser Konstruktions- und Gestaltungsrichtung gehören auch die Stahlfachwerkträger der 1930 erbauten Brücken im Zuge der Südkurve.

Ein besonders qualitätvoller Bauabschnitt umfasst die neueren Empfangsgebäude, die geschlossene Fußgängerbrücke und ihre überdachten Treppenaufgänge. Die Brücke und die Empfangsgebäude wurden 1923 durch den Architekten Brademann in einer klassizistischen Formensprache mit expresssiven Akzenten (schmale Pfeilerreihungen, scharfe auskragende Gesimse) entworfen; am Empfangsgebäude Nord ist sogar noch etwas vom raumgreifenden Schwung des Neubarock in seiner Vermittlung durch den Jugendstil zu spüren. Der vieleckige Grundriss dieses Empfangsgebäudes, der zwischen den verschiedenen Zu- und Abgangsrichtungen vermittelt, zeigt sich als ein Werk, das die funktionalen und formalen Gestaltungsprinzipien der ersten Jahrzehnte des Jahrhunderts nicht gerade avantgardistisch, aber souverän miteinander verbindet. An der Brückenüberdachung von 1927 lässt sich an den Fensterbändern, die auch die abgestuften Treppenhäuser einfassen, der Übergang zu einer sachlichen Architektur ausmachen. Allerdings ist sie auf für Brademann typische Weise durch die enge, liegende Sprossung in ihrem Ausdruck gesteigert und bezieht mit dem kubischen Treppenturm weiterhin klassizisierende Momente in das Bild ein.

Die verschiedenen Konstruktions- und Bauformen der Bahnbauten wirken jedenfalls in einem interessanten, auch ästhetisch reizvollen Gesamtbild zusammen, das einen sorgsamen Umgang verdient.

Bei der Vorbereitung des denkmalpflegerischen Konzepts sollte die restauratorische Voruntersuchung die Frage klären, ob in der Vergangenheit durch einheitliche Farbgebung das Zusammenwirken der verschiedenen Bauten im Ensemble unterstützt worden ist. Es hat sich herausgestellt, dass das für die wichtige Periode der späten zwanziger Jahre der Fall ist.

Die restauratorischen Voruntersuchungen am Bahnhof Ostkreuz beschränkten sich auf Säulen und Stützen der Bahnsteige, die Stahlkonstruktion des Überganges vom Nordeingang zu den Bahnsteigen D und E und die einfache Kastenbank auf dem Bahnsteig E.

Es wurden jeweils zwei Proben entnommen und unter dem Arbeitsmikroskop analysiert.

An der Fensterrahmung des Überganges, am Bahnwärterhäuschen vom Bahnsteig A und an den Treppengeländern und kleinen Konsolen des Bahnsteigs F wurden Freilegungsproben vorgenommen. Als vorherrschende, durchgehend nachzuweisende Farbwirkung ergab sich ein Grünton. Am Bahnsteig A und E wurden dunklere Grüntöne gefunden.

Am Bahnsteig F zeigte sich ein helles Blaugrün. Auf dem Bahnsteig D, an der Stahlkonstruktion und Fensterrahmung des Überganges ließ sich ein helles Grün nachweisen.

Alle Anstriche sind jedoch nachgedunkelt und vergraut, so dass die Rekonstruktion der Farbwirkung keine exakte Farbangabe sein kann. Die originale Farbigkeit konnte intensiver gewesen sein. Bei dem gefundenen Rot oder Orange auf den Metallträgern handelt es sich um Bleimennige, das als Rostschutzfarbe verwendet wird. Es kann also bei den Betrachtungen außer Acht gelassen werden. Das vorherrschende Bindemittel ist Ölfarbe.

Zu vermuten ist, dass die bei den Freilegungen gefundene Farbigkeit den Zustand der zwanziger Jahre zeigt, da der Übergang erst 1926 gebaut wurde und sich das helle Grün des Bahnsteigs D dort wiederfindet. Brademann selbst hatte für seine Umformwerke 1928 formuliert, was auch für andere Bauaufgaben gelten darf:

„Die Versuche, die der Verfasser seit Jahren angestellt hat, das übliche Grau in Grau zu verlassen und kräftige Farbtöne in die Räume zu bringen, haben gezeigt, dass es wohl möglich ist, auch technischen Räumen einen farbigen Anstrich zu geben, der nicht unsachlich wirkt." [8]

5. Neben dem Bahnhof

Die Luftaufnahme von 1993 zeigt den Bahnsteig F mit den Fernbahngleisen an der Ringbahnstrecke und in der Bildmitte die vom Architekten Grenander projektierten Schulbauten

Blickt man vom Bahnsteig F in Richtung Nordosten, fallen die renovierten Klinkerbauten ins Auge, die sich als herausragende öffentliche Bauten verraten. Das sind vor der Jahrhundertwende errichteten Schulbauten und die Feuerwache an der Marktstraße. In ihnen finden wir heute die Fachhochschule für Technik und Wirtschaft bzw. die Landesschutzpolizei, Referat Verkehrsdienst.

Knorr-Bremse GmbH

Die Klinkerbauten werden überragt vom modernisierten Gebäude des Stammwerks des Knorr-Bremsenwerkes (1905 Knorr-Bremse GmbH, nach 1949 VEB [1] Berliner Bremsenwerk) in der Neuen Bahnhofstraße und vom großen Erweiterungsbau an der Hirschberger Straße, beide von Alfred Grenander entworfen und von 1913 bis 1916 bzw. von 1922 bis 1927 gebaut. Das mächtige Gebäude des Stammwerks verdankt die Wirkung seiner turmartigen Ecken der Weite des benachbarten Bahnhofsgeländes. Eine wahrscheinlich beabsichtigte Korrespondenz ergibt sich vor allem zum Wasserturm. Am besten können wir die Gebäude betrachten, wenn wir mit dem S-Bahnzug nach Frankfurter Allee oder mit dem Fernzug nach Lichtenberg fahren.
Die „Knorr-Bremse“ steht im engen Zusammenhang mit dem technischen

1) Volkseigener Betrieb

Blick vom Bahnsteig F in Richtung Norden: Im markanten Turm des Erweiterungsbaues der „Knorr-Bremse“ sitzt heute die Bundesversicherungsanstalt für Angestellte

Durch dieses Tor führte das Gleis der Anschlussbahn zum Glaswerk Stralau. Im Kleinpflaster sind die Schienen noch zu erkennen, im weiteren Verlauf der Straße ist das Gleis durch die Bitumenschicht des Straßenbelags verdeckt (Aufnahme vom Juni 1999)

Fortschritt bei den Eisenbahnen. Die Preußischen Staatseisenbahnen führten 1883 die von Jesse F. Carpenter erfundene Zweikammer-Druckluftbremse ein. 1883 gründete Carpenter eine eigene Fabrik in Lichtenberg, die 1893 sein Oberingenieur Georg Knorr übernahm. Knorr entwickelte eine nach ihm benannte Einkammerschnellbremse, die alle anderen Bremssysteme rasch verdrängte.

Das Betriebsgelände des Herstellers von Bremsausrüstungen für Schienen- und Straßenfahrzeuge war einerseits von der Markt- und der Pfarrstraße und andererseits durch die zweigleisige Verbindungskurve Ostkreuz – Gabelung und den viergleisigen Abschnitt Ostkreuz – Frankfurter Allee in zwei Hälften geteilt, die von einer Werkstraße unter den beiden Bahndämmen verbunden wurden. Das Bremsenwerk hatte für diese Werkstraße die beiden Eisenbahnbrücken errichten lassen und sie der Eisenbahn überlassen. Nachdem der östliche, im Stadtbezirk Friedrichshain gelegene Werkteil vom VEB Messelektronik übernommen wurde, bestand keine Notwendigkeit mehr für diese Werkstraße. Von der Deutschen Reichsbahn wurde Anfang 1989 die zweigleisige Brücke im Verbindungsgleis Ostkreuz – Gabelung ausgebaut und durch einen Erddamm ersetzt.

Im Zusammenhang mit der Stadtplanung sollten sich nach 1989 an den Eisenbahnknoten Dienstleistungs-, Verwaltungs- und Handelszentren ansiedeln. Als die verkleinerte „Knorr-Bremse" ihr Werk nach Marzahn verlegte, konnte seit 1991 das Dienstleistungszentrum Ostkreuz entstehen. Im Jahr 2000 sollten 345.000 m² Gewerbefläche und 330 Wohnungen fertiggestellt sein, was in etwa 10.000 Arbeitsplätzen entspricht. Diese Pläne hatten sich bis 1999 nur in Ansätzen erfüllt, denn in dem Gelände ist lediglich das restaurierte und modernisierte Verwaltungsgebäude der „Knorr-Bremse" in der Hirschberger Straße – erweitert um einen achtgeschossigen Büroriegel – zu sehen, der von der Bundesversicherungsanstalt für Angestellte genutzt wird. Hinzu kommen ein Dienstleistungszentrum Nord und das südlich der Bundesversicherungsanstalt geplante Victoria-Center. Bis 1999 war noch keine der Alleen zu finden, die den Grünanteil des Viertels erhöhen sollen. [5]

Viehstation, Margarinefabrik, Glaswerk, Brauerei usw.

Der Blick zur Marktstraße führt über ein ziemlich freies Gelände. Hier hatte die Ostbahn ihre Viehstation; die Gleise zu den Viehrampen zweigten in Höhe des Bahnsteigs D von der zweigleisigen Güterzugstrecke Ostbahnhof – Lichtenberg-Friedrichsfelde ab. Wann diese Viehstation stillgelegt und geräumt wurde, ließ sich nicht ermitteln.

An ihrer Stelle finden wir eine Steinbaracke, der Sitz der Hochbaumeisterei Berlin, wie sie bis 1994 genannt wurde. Seitdem nennt sich diese Organisationseinheit Anlagen- und Hausservice, Niederlassung Nordost, Stützpunkt Berlin. Sie hat einige Baracken abgeris-

Blick von der Elsenbrücke auf den Osthafen am nördlichen Ufer der Spree mit den Gleisen direkt an der Kaimauer (Aufnahme vom August 1999)

sen und Lager von Baumaterial aufgelöst. 1999 lag immer noch das Anschlussgleis, der Rest des zweiten Gleises der Ostbahn, auf dem vom Wriezener Güterbahnhof aus Güterwagen mit Baustoffen zugeführt wurden.

In den achtziger Jahren des vorigen Jahrhunderts wuchsen im Osten Berlins ganze Fabrikbezirke empor. Auch die Leichtindustrie nutzte die Konjunktur seit der Reichsgründung, um sich mit neuen Maschinen auszustatten. Die Stralauer Palmkern- und Schwefelkohlenstoffwerke (später Viktoria-Mühle) lieferten Rohstoffe für die „Butter des kleinen Mannes", die Margarine. Von der Mühle ist fast nichts mehr zu sehen.

Dem Bahnsteig F gegenüber liegt eine kleine Anlage, die man 1999 noch als Anschlussbahn und Wagenübergabestelle erkennen konnte. In sie und aus ihr konnten die Übergabezüge auf Signal ein- bzw. ausfahren. Einer der Anschließer – mit eigener Betriebsführung durch eine elektrische Lokomotive – war der VEB Glaswerk Stralau, den täglich ein Übergabezug vom Bahnhof Frankfurter Allee versorgte. Das Glaswerk ist abgerissen, das Anschlussgleis auf der Kynaststraße bereits 1983 stillgelegt und zugeteert worden. Bei der Elektrifizierung der Fernbahn hätte es wegen der unterschiedlichen Stromsysteme gestört.

Weitere Betriebe um das Glaswerk waren der VEB Kosmetik Berlin, der VEB Kombinat Getreidewirtschaft und die Schaarschusche Brauerei, seit 1881

Im Gebäude des früheren Kraftwerks hat heute die Redaktion der Tageszeitung „Neues Deutschland" ihren Sitz (Aufnahme vom September 1999)

Engelhardt-Brauerei, in der DDR ein Betriebsteil des VEB Getränkekombinats Berlin. Hinter diesen Betrieben lagen weitere Werkanlagen. Sie bildeten kein zusammenhängendes Industriegebiet, sondern hatten einzelne Standorte inmitten der Wohnbebauung. Infolge dieser Lage sowie der Gleisanlagen der Ring- und Stadtbahn war eine standörtliche Ausdehnung nicht mehr möglich. Einige dieser Betriebe sind heute bereits unbekannt, wie der VEB Aloxema für die galvanische Oberflächenbearbeitung sowie verschiedene mit dem Wasserstraßenverkehr in Verbindung stehende Betriebe und Einrichtungen: VEB Reparaturwerft, VEB Binnenreederei, Projektierungsbetrieb für Wasserstraßen, Forschungsanstalt für Schiffahrt, Wasser- und Grundbau, Strommeisterei.

Erhalten waren 1999 der frühere Palmkernölspeicher und der Flaschenturm der Engelhardt-Brauerei, Reste der Stralauer Glashütte und die Teppichfabrik Protzen & Sohn.

Neben den Gleisen von und nach Frankfurt (Oder) finden wir den Ortsteil Stralau, in dem bis 1990 nur etwa 200 Menschen wohnten. Inzwischen ist an der Rummelsburger Bucht eine Wohnsiedlung entstanden, die auch einen gewissen Einfluss auf die Zukunft des Bahnhofs Ostkreuz haben wird (siehe 6. Kapitel). Die Wasserstadt GmbH baute 650 Wohneinheiten für 1.000 Menschen, geplant war, 3.000 Menschen anzusiedeln.

Der Osthafen

Von der erwähnten früheren Wagenübergabestelle des Glaswerkes führt ein Gleis zum Osthafen an der Spree. Täglich verkehrten fünf Züge mit je 30 bis 35 Wagen hin und zurück. Sie waren in Pankow oder Frankfurter Allee zusammengestellt worden und fuhren von da bis hinter den Tunnel, wo die Wagenübergabestelle liegt. Auch Ganzzüge mit 40 bis 45 Wagen, beladen mit Kies und Kohlen, waren nicht selten. 1998 betrug der Umschlag zur und von der Eisenbahn nur noch 100.893 t in 2.647 Wagen.

Der Osthafen entstand nach wegen der Finanzierung langwierigen Verhandlungen zwischen dem Staat und der Stadt, als 1893 ein Plan der Berliner Kaufmannschaft auftauchte, den offenen Uferstreifen zwischen Oberbaum- und Treptower Eisenbahnbrücke zu bebauen und einen Gleisanschluss zur Ringbahn zu legen. Der erste Plan wurde verworfen, aber nach dem zweiten Projekt von 1898 konnte Friedrich Krause mit der Eisenbahndirektion Berlin über einen Bahnanschluss verhandeln. Obwohl der Anschluss an die Ringbahn höhere Kosten verursachte als der zum Schlesischen Bahnhof, entschied sich die Stadt für den Ringbahnanschluss, war doch durch ihn der Hafen mit allen in Berlin einmündenden Strecken verbunden.

Ende 1907 begannen die Bauarbeiten, doch jetzt wehrte sich die Gemeinde Stralau gegen den Eisenbahnanschluss, würden doch die Bedienungsfahrten die Straße Alt Stralau zeitweise sperren. Daraufhin ruhten die Arbeiten zwei Jahre, bis man sich in zähen Verhandlungen auf einen Kompromiss einigte. Das Anschlussgleis wurde unterirdisch zum Hafen geführt.

Der zwischen Oberbaum- und Elsenbrücke wegen der 170 m breiten Spree als Flusshafen angelegte Osthafen wurde am 28. September 1913 eingeweiht und am 1. Oktober 1913 in Betrieb genommen. Der Umschlag der Güter von und zur Eisenbahn schwankte nach Schätzungen zwischen 18 und 50 Prozent des Gesamtumschlags und dürfte daher 1932 bis 1935 bei weniger als einer Million Tonnen jährlich gelegen haben. In den Kriegsjahren wurden zwar keine Zahlen veröffentlicht, zumal die Wehrmacht zunehmend den Umschlag und die Lagerung der Güter übernahm; es sollen aber im Jahr fast fünf Millionen Tonnen Gut über die Anschlussbahn eingegangen sein.

Der zu 80 Prozent zerstörte Osthafen wurde 1945 von der sowjetischen Besatzungsmacht übernommen. Nun musste, da die Wasserstraßen durch zerstörte Brücken, Ufermauern und gesunkene Schiffe blockiert waren, zuerst einmal der Schienenweg die Hauptlast übernehmen.

Nachdem die Schifffahrt wieder unbehindert möglich war, entwickelte sich der Osthafen zum wichtigsten Umschlagplatz für Massengüter in Ost-Berlin. Allerdings lag er seit 1961 im abgeriegelten Grenzgebiet. Die Bedienung der Anschlussbahn war nur nach vorheriger Anmeldung bei den Grenztruppen möglich, die auch die Bedienungsfahrten begleiteten und natürlich beobachteten.

1960 stieg die Umschlagmenge im Osthafen an. Hauptsächlich wurden Kohlen, Splitt und Kies umgeschlagen, 1960 über eine Million Tonnen über die Anschlussbahn transportiert, 1962 etwa anderthalb Millionen Tonnen, von Jahr zu Jahr mehr, seit 1976 auch Gips, Zement, Betonteile und Düngemittel.

Unterstand der Osthafen – offiziell wurde er Binnenhafen Berlin genannt, die Vorsilbe „Ost" war anrüchig – nach 1945 dem Magistrat von Ost-Berlin, gehörte er seit 1. April 1961 zur Bezirksdirektion für Kraftverkehr Berlin, seit 1969 zum Volkseigenen Betrieb Auto

Mai 1984: Schaltwarte der Berliner S-Bahn. 1995/96 wurde sie modernisiert. Unten ein Bild von 1999

Trans Berlin, seit 1. Januar 1988 zum Volkseigenen Kombinat Binnenschiffahrt und Wasserstraßen. Am 1. Januar 1992 wurde der Osthafen der „Behala“ [2] im Westteil der Stadt eingegliedert; der Güterumschlag ging nach 1990 rapide

zurück, obwohl das Gleisnetz erneuert worden war.

An der Ostseite des Hafens, unmittelbar am Bahndamm zwischen Ostkreuz und Treptow, stehen die Gebäude des früheren Kraftwerks und des Lokomotivschuppens. In das Gebäude des Kraftwerks zog 1996 die Redaktion „Neues Deutschland“ ein, die bis dahin in dem Verlagsgebäude Mehringplatz 1 ihren Sitz hatte.

Westlich der Ringbahn, am Markgrafendamm, finden wir eine Reihe von Kleinbetrieben, wie Autoreparaturwerkstatt, Reifendienst, Brennstoffhandel, aber auch eine große Anzahl von der Bahn nahestehenden Betrieben und Organisationseinheiten der Deutschen Bahn. Es ist das Gelände der früheren Reparaturwerkstatt der Berlin-Frankfurter bzw. Niederschlesisch-Märkischen Eisenbahn, von der man 1999 noch einige Rudimente finden konnte.

Unter Bäumen versteckt steht das inzwischen unbewohnte, im 4. Kapitel erwähnte Beamtenhaus. Daneben stehen Netzleitstelle (wie man seit 1997 das Schaltwerk nennt) und die Gebäude der Unterwerke für die elektrische Zugförderung der Berliner S-Bahn.

Das Schaltwerk am Markgrafendamm

Die Deutsche Reichsbahn übernahm für die elektrische Zugförderung der Stadt-, Ring- und Vorortbahn bzw. der S-Bahn an zwei Stellen den Drehstrom von 30 kV, den die Kraftwerke Klingenberg im Stadtbezirk Lichtenberg und Trattendorf bei Spremberg lieferten: nahe dem Westkreuz in Halensee und am Ostkreuz in Markgrafendamm.

Sowohl das Schaltwerk Halensee als auch das in Markgrafendamm, beide entworfen von Brademann und 1926 bis 1928 gebaut, folgten einer maßvollen expressionistischen Richtung, die stark von gotischen Reminiszenzen geprägt waren. [6] Gleichrichter- und Mittelspannungsanlage [3] wurden in einem langgestreckten viergeschossigen Bau vereinigt, der durch einen zweigeschossigen Brückenbau mit dem achteckigen, dreigeschossigen Bauteil, der Netzleitstelle, verbunden ist. Der Raum der Schaltwarte selbst ist elliptisch. In

2) Berliner Hafen- und Lagergesellschaft

3) Mit Hilfe des Gleichrichters wird der Drehstrom von 30 kV auf 750 V Gleichspannung umgeformt

einem Anbau war die Lastverteilung untergebracht.

Der Lastverteiler sitzt mit in der Netzleitstelle, von der aus er den gesamten Betrieb der Bahnstromversorgung der S-Bahn überwacht. Kommt es zu Störungen, die den Betrieb erheblich beeinflussen oder sich über mehrere Speiseabschnitte erstrecken, zu Dauerkurzschlüssen oder zu Unfällen, ordnet er an, wie die Störungen oder Schäden eingegrenzt und behoben werden können. Dabei arbeitet er eng mit der Betriebsleitung der S-Bahn zusammen, bei Störungen im Mittelspannungsnetz auch mit den Energielieferanten.

Außer seinen Aufgaben bei Störungen hat er die Belastung der einzelnen Teile des 30-kV-Kabelnetzes zu überwachen bzw. zu verteilen. Der Lastverteiler ermittelt auch den Gesamtstromverbrauch, der sich aus den Teillieferungen an die einzelnen Übergabestellen zusammensetzt.

Als 1986 die Abnehmeranlage Ost (ein 110-/30-kV-Unterwerk) fertiggestellt war, zog der Lastverteiler in die benachbarten Räume der Abnehmeranlage Ost.

In der am 11. Juni 1928 gebildeten Fahrleitungsmeisterei [4] Markgrafendamm standen acht Quecksilber-Gleichrichter von je 1.200 kW. Die Einrichtung begann als Schaltmeisterei, ihre Bezeichnung wechselte mehrmals (Fahrleitungsmeisterei Markgrafendamm, Ost und Berlin-Ostkreuz). Innerhalb der Fahrleitungsmeisterei bestand ein Überwachungswerk, das 1948 als selbständige Dienststelle herausgelöst wurde, seit 1994 jedoch zum S-Bahnstromwerk gehört.

Die Fahrleitungsmeisterei war für den ordnungsgemäßen Zustand der Schalt- und Unterwerke [5] und sämtlicher Stromschienenanlagen verantwortlich. Außerdem regelte sie alle Arbeiten im Bereich der elektrischen Zugförderungsanlagen, die zum Beseitigen von Störungen oder bei Umbauten nötig waren.

Nach 1961 bestand neben der Fahrleitungsmeisterei Ost (so hatte man 1948 das Schaltwerk Markgrafendamm bezeichnet), der die elektrifizierten S-Bahn-Strecken in der Hauptstadt der DDR und in der DDR unterstanden, die Fahrleitungsmeisterei West im Schaltwerk Halensee, die für die elektrifizierten S-Bahn-Strecken West-Berlins zuständig war und das S-Bahn-Unterhaltungswerk für Bahnstromanlagen.

Zur Fahrleitungsmeisterei Berlin-Ostkreuz gehörten:

- das Schaltwerk Markgrafendamm
- die Unterwerke und Stromschienenanlagen auf den Vorortstrecken nach Königs Wuster-

Beim Umbau der Schaltwarte hatte der Denkmalschutz oberste Priorität. Die Kuppelkonstruktion mit dem Flügelrad blieb erhalten

4) Die Fahrleitungsmeisterei ist eine technische Dienststelle der Bahnenergieversorgung

5) bis 1961 21 ferngesteuerte Unterwerke, bis 1985 33 im Ost-Netz

Blick aus einer Luke des Wasserturmes in Richtung Westen auf die Fern- und S-Bahn-Gleise sowie im Vordergrund das Gebäude der Netzleitstelle (das frühere Schaltwerk) der Berliner S-Bahn (Aufnahme vom Juni 1991)

hausen, Spindlersfeld, Erkner, Bernau und Strausberg Nord

- die fernbedienten Unterwerke (Gleichrichterwerke) und Stromschienenanlagen auf der Stadtbahn vom Ostbahnhof bis Charlottenburg und auf der Ringbahn von Wedding bis Tempelhof.

Dass das Schaltwerk Markgrafendamm nahe dem Bahnhof Stralau-Rummelsburg gebaut worden ist, entsprach den Überlegungen, die Entfernung zum stromliefernden Kraftwerk Klingenberg [6] gering zu halten, ebenso nahe den zwölf einzeln einspeisbaren Abschnitten zum Kreuzungs- und Verkettungspunkt der S-Bahnstrecken zu sein sowie am Ort der meisten Zugfahrten das Gleichrichterwerk Markgrafendamm zu betreiben.

Im Haus der Fahrleitungsmeisterei wurde die S-Bahn-Lastverteilung eingerichtet, die zentrale Befehlsstelle für die Bahnstromversorgung. Sie arbeitete mit dem Energielieferanten und der Betriebsleitung [7] der S-Bahn zusammen.

Auf dem Gelände der Fahrleitungsmeisterei Berlin-Ostkreuz begannen im April 1982 die Arbeiten, um eine 110-kV-Schaltanlage zu errichten. Die S-Bahn wurde 1986 zu einem großen Teil direkt aus dem Verbundnetz der DDR gespeist und nicht mehr durch separate 30-kV-Kabel vom Kraftwerk Berlin-Klingenberg.

Vom 1. April 1949 bis zum 22. Mai 1993 gehörten [8] zur Fahrleitungsmeisterei auch die Stromversorgungsanlagen der Strecke Müncheberg (Mark) – Buckow (Märkische Schweiz). Von 1962 bis 1973 bestand die Versuchsstrecke mit dem Stromsystem 25 kV / 50 Hz Hennigsdorf – Wustermark Rbf, deren elektrische Ausrüstung ebenfalls der Fahrleitungsmeisterei Ostkreuz unterstand.

Zur Fahrleitungsmeisterei Berlin-Ostkreuz gehörten 1978 – wie bereits in den Jahren 1928 / 1929 – 190 Mitarbeiter, Ende der fünfziger Jahre sogar 300 infolge der Zunahme elektrifzierter Strecken und der noch nicht ferngesteuerten Unterwerke in den Vororten.

1995 begann die Planung des Umbaus der Schaltwarte zur computerisierten Netzleitstelle. Die Firma Siemens schaltete von 1997 bis 1998 schrittweise die bisher benutzten Steuertafeln auf die provisorisch in anderen Räumen untergebrachte Netzleittechnik um und baute die gesamte Fernsteuerung der Unterwerke um. Im November 1998 wurde die alte Schaltwarte außer Betrieb und im Dezember 1999 die Netzleitstelle im alten-neuen Raum in Betrieb genommen. Seit dem Frühjahr 2000 werden sämtliche Bahnstromanlagen (das sind 83 Unterwerke, 98 Schalt- und Kuppelstellen, 650 km 30-kV-Kabel, 630 km Stromschienen, etwa 6.700 Schaltelemente) der S-Bahn nur noch von der Netzleisttelle Markgrafendamm aus gesteuert. Die Schaltwarte Halensee ist stillgelegt.

Beim Umbau der „neuen" Netzleitstelle wurde auf die Belange des Denkmalschutzes weitgehend Rücksicht genommen. Die Kuppelkonstruktion mit dem Flügelrad und zwei der alten Steuertafeln blieben erhalten. Auch ein Stück Fußboden – in S-Bahn-Farben – wurde konserviert. Beim Umbau fiel eine Wanduhr auf den Boden, so dass die Ölfarbe abblätterte und das strahlende Messing zum Vorschein kam. Nun erinnerte man sich auch der Geschichte, dass diese Uhr noch von der Originalausstattung des Architekten Brademann stammt, nach 1945 mit Ölfarbe überpinselt wurde, damit „die Russen" sie nicht beschlagnahmten. Die Uhr wurde restauriert und ist jetzt das Schmuckstück der Netzleitstelle.

Nur wer aufmerksam aus dem Zug nach Erkner schaut, der dem Unterwerk am nähesten kommt, entdeckt auf dem Gelände der Schaltwarte ein Gleisstück mit einer Stromschiene. Das ist keine Versuchsanlage, sondern sie dient der Aus- und Fortbildung der S-Bahner,

6) Nach dem Konstrukteur Walther Klingenberg benannt

7) Auch diese Bezeichnungen wechselten wiederholt.

8) An diesem Tag wurde der elektrische Zugbetrieb Müncheberg (Mark) – Buckow (Märkische Schweiz) eingestellt. Die Strecke ist seit Dezember 19997 stillgelegt.

die den Umgang mit der Stromschiene beherrschen müssen.
An das Unterwerk schließt sich ein Gebäude an, in dem ein Reichsbahn-Kindergarten war. Ihm folgt der Eingang von Markgrafendamm 24. Diese Adresse ist für viele Berliner Eisenbahner zum Synonym eines Konglomerats von Eisenbahndienststellen geworden. Bis 1990 dominierten in den Neubauten, die für das Verkehrswesen in der Hauptstadt der DDR gebaut worden waren, das Zentrale Forschungsinstitut für Verkehrswesen der DDR und das Institut für Eisenbahnwesen. Deren Mitarbeiter wechselten 1990, als abzusehen war, dass diese Institute keine Überlebenschancen hatten und abgewickelt werden würden, schleunigst zur Deutschen Reichsbahn. In den Gebäuden siedelten sich verschiedene Organisationseinheiten der Deutschen Bahn und solcher Institute an, die bahnnah tätig und von ehemaligen leitenden Mitarbeitern der Deutschen Reichsbahn sowie des Ministeriums für Verkehrswesen gebildet worden sind, darunter einem früheren Stellvertreter des Ministers. Markgrafendamm 24 ist auch ein Spiegelbild des institutionellen Übergangs von der DDR zum Beitrittsgebiet der sechs Neuen Bundesländer. Deswegen und weil sich eines Tages niemand mehr entsinnen können wird, wer in der Umgebung des Bahnhofs Ostkreuz anzutreffen war, dokumentieren wir die Nutzer der Gebäude.

Haus 17 im Komplex Markgrafendamm 24 beherbergte bis 1990 das Zentrale Forschungsinstitut des Verkehrswesens der DDR (ZFIV), jetzt ist es Sitz eines Betriebes der Signal- und Fernmeldemontage (Aufnahme vom Februar 2000). Eine Uhr von Siemens & Halske am Eingang zum Haus 17 deutet darauf hin

Am Markgrafendamm beginnt eine Werkstraße, die einige Meter vor der Modersohnbrücke endet und die von mehr oder weniger, meist mehr geschmacklosen Gebäuden gesäumt ist. Die Straße stößt zunächst auf ein Transformatorenhaus, knickt im rechten Winkel nach rechts und wieder nach links ab.

Im Knick steht das Haus Nummer 17, das bis 1990 dem Zentralen Forschungsinstitut des Verkehrswesens und der Zentralstelle für Prozeßautomatisierungstechnik der Deutschen Reichsbahn diente. 1999 waren in ihm ein Betrieb der Signal- und Fernmeldemontage untergebracht, worauf auch eine Uhr von Siemens & Halske am Eingang hinweist, eine Psychotherapeutische Praxis und ein Grafikdesignstudio. Das Gelände der langgestreckten Straße gehörte einst zur Hauptwerkstatt der Niederschlesisch-Märkischen Eisenbahn, die bis 1918 offiziell noch so genannt wurde, obwohl die Bahn diesen Namens längst in die Preußischen Staatseisenbahnen aufgegangen war. Rechts der Straße finden wir eine Werkstatt, ehemals Direktionsbeschaffungsstelle Berlin, und anschließend vor einem Lagerplatz und den Werkstätten der früheren Brückenmeisterei den Neungeschosser, Haus 12, der bis 1990 von der Zentralstelle für Sicherungs- und Telekommunikationstechnik sowie bis 1993 von der Brückenmeisterei Berlin genutzt wurde. Seit 1994 sind hier die Bau- und Montageniederlassung Ost des Geschäftsbereichs Bahnbau sowie die Niederlassung Leit- und Sicherungstechnik (bis 1993 als Signal- und Fernmeldemeisterei bezeichnet) des Geschäftsbereichs Netz zu finden.

Gegenüber befindet sich die zum S-Bahn-Unterwerk gehörende Abnehmeranlage Ost. Das Umspannwerk ging 1986 in Betrieb und stabilisierte die Energieversorgung zwischen dem Energiering der DDR und der S-Bahn. Neben dieser Freianlage steht das Haus 13, ebenfalls ein Neungeschosser. In ihm waren bis 1991 verschiedene Struktureinheiten der Reichsbahndirektion Berlin untergebracht, darunter das Amt für Materialversorgung. 1999 nutzte es die Niederlassung Berlin / Brandenburg des Geschäftsbereichs Station & Service. Bis zum Jahresanfang 1999 hatte in diesem Gebäude auch der Betriebsbereich Ost der S-Bahn Berlin GmbH seinen Sitz; er zog in das Haus 18 um.

Auf der rechten Straßenseite folgen ein Lagerplatz und ein Heizhaus, auf der linken das achtgeschossige Haus 16, ehemals Zentrales Forschungsinstitut des Verkehrswesens der DDR, das 1999 einer Vielzahl von Betrieben zur Verfügung stand:

- Gesellschaft für Bauüberwachung und -logistik
- bis 1993: Kartografie der Deutschen Reichsbahn (aufgelöst)
- Luisenstädtischer Bildungsverein, Geschichtswerkstatt
- M + S-Sicherungsdienst
- Eisenbahn-Unfallkasse EUK
- Wach- und Sicherungsdienst Helga Meysiek
- Spitzke Unternehmensbereich Elektrotechnik, Fahrleitungen, Baustellenlogistik, Baustellensicherung und Lotsendienste
- Dr. Straiger, Mohilo + Co
- EPV, GIV Europaprojekt Verkehr, Gesellschaft für Ingenieurleistungen im Verkehrswesen
- Immo-Service
- ASCI Systemhaus
- Gebrüder Weiss, Rail Cargo Internationale Spedition
- Eurailplan.

Neben dem Haus 16 steht das Haus 18, ebenfalls ehemals Zentrales Forschungsinstitut des Verkehrswesens der DDR, in dem wir 1999 folgende Einrichtungen fanden:

- Betriebsbereich Ost der S-Bahn Berlin GmbH
- Zentrum für Innovative Verkehrslösungen
- Schiefelbein & Nagel Raumgestaltung

- BERTI Getränkeautomaten
- Verkehrsautomatisierung
- VDEF Verein Deutscher Eisenbahnfachschulen
- EUROSENSE
- DUSS Deutsche Umschlaggesellschaft Straße – Schiene
- Frey Sicherungs-GmbH Ost
- Seydack & Schneider Bau.

Gegenüber, mit der Schmalseite zur Straße, steht das Basa-Gebäude [9]: Die Deutsche Bahn verkaufte 1997 ihr Fernsprech- und Fernschreibnetz an den Mannesmann-Konzern und bildete mit den übergeführten Bahnmitarbeitern die ARCOR Gesellschaft für Telekommunikation. Der Bahnanteil beträgt 18 Prozent. Die Niederlassung Berlin sitzt in dem Gebäude nebst Fernsprechauskunft und -vermittlung Berlin der Deutschen Bahn.

Das eng daran gebaute Haus war das Signal- und Fernmeldewerk der Deutschen Reichsbahn, seit 1990 Geschäftsbereich Bahnbau, Bau- und Montageniederlassung Ost, zu der auch die Werkstatt nahe den Gleisen gehört. Daneben stehen die Gebäude, die bis 1990 bzw. 1993 von der Fahrleitungsmeisterei und der Starkstrommeisterei Berlin bzw. dem Zentralen Forschungsinstitut des Verkehrswesens der DDR genutzt worden waren, 1999 vom Geschäftsbereich Bahnbau.

Auf der linken Seite stehen zweigeschossige Raumzellen, wie sie als Verwaltungsbauten in der DDR üblich waren, allerdings 1999 ungenutzt. Unterhalb des Dammes an der Modersohnstraße steht ein Transformatorengebäude. Die Anschriften der gelb geklinkerten Häuser gegenüber verraten, das sie früher als Materiallager für Benzin und Öle genutzt worden sind. Hier war bis 1991 die Direktionsbeschaffungsstelle der Reichsbahndirektion Berlin.

In einem Haus war eine Außenstelle des Kraftwagenbetriebswerks. Hier befand sich das Autobetriebswerk, bis es 1944 durch Fliegerbomben völlig zerstört wurde. Am 1. März 1946 nahm das Kraftwagenbetriebswerk, nun beheimatet im Reichsbahnausbesserungswerk Tempelhof, mit 18 Lkw und 14 Pkw seine Arbeit auf. Im November 1948 wurde es zum S-Bahnhof Hermannstraße verlagert, bereits ein Jahr danach zum Reichsbahnausbesserungswerk Schöneweide. Seit Januar 1950 hatte diese Dienststelle ihren Sitz auf dem Gelände einer Maschinenfabrik in Pankow, wechselte aber mit dem Pkw-Fuhrpark als Außenstelle zu einem nicht mehr bekannten Zeitpunkt um 1990 nach Markgrafendamm. 1995 ging sie in dem bei der Deutschen Bahn ausgegründeten Betrieb DB-Fuhrpark auf.

9) Basa = Bahnselbstanschlussanlage

6. Die Zukunft des Bahnhofes

Die überdachten Brücken und Abgänge sind zweifellos zeitlos schön. Nur ist die gesamte Anlage hoffnungslos verschlissen

1) der SED

Nachdem 1987 der mit Ach und Krach zu Ende gegangene erste Bauabschnitt des „Bauvorhabens Berlin Hauptbahnhof", wie schlicht der Umbau des Ostbahnhofs bezeichnet wurde, gefeiert worden war, und wenige Tage nach der Wiedereröffnung seine Umbenennung folgte, sagte ich (E. P.) zum „Parteibeauftragten" für das Bauvorhaben, dem Stellvertreter des Ministers für Verkehrswesen und Leiter der Politischen Verwaltung der Deutschen Reichsbahn, Günter Grohmann, nun sei wohl der Umbau des Bahnhofs Ostkreuz an der Reihe. Grohmann schüttelte den Kopf und meinte: „Wenn für den Ostbahnhof ein Beschluss des Ministerrates notwendig war, brauchen wir für Ostkreuz den Beschluss des Politbüros". [1)]
Das hörte sich so an, als sei mit einem solchen Beschluss nicht zu rechnen. Grohmann wusste, wovon er sprach. Auf dem neuen Hauptbahnhof blieb es beim ersten Bauabschnitt. Der repräsentative Bau erhielt nicht einmal eine Gaststätte oder ein Café – notdürftig

wurden später einige Sitzgelegenheiten und ein Imbiss geschaffen. Wie sollten da die Mittel und – was in der DDR wichtiger war – die Baukapazitäten bereitgestellt werden, wenn es um den vergleichsweise weniger wichtigen Bahnhof Ostkreuz ging, einem Bahnhof ohne staatliche Repräsentation? Die Erneuerung wäre nur sinnvoll gewesen, wenn mit dem Umbau die Umstellung vom Linien- zum Richtungsbetrieb vorgesehen worden wäre, und die ist aufwändig.
Wie zu erwarten, hieß es dann, dazu reicht gegenwärtig die Wirtschaftskraft der DDR nicht aus – eine gängige Formulierung, wenn andere Vorhaben wichtiger erschienen. Dass dieser Bahnhof ein schwieriger Brocken ist, an dem man sich die Zähne ausbeißen kann, zeigt das ständige Verschieben des Umbaus auch unter den neuen politischen und wirtschaftlichen Verhältnissen.
1988 war bereits über den „perspektivischen Zustand" des Bahnhofs geschrieben worden. In diesem Aufsatz heißt es: „Der Hauptstrom der umsteigenden Reisenden bewegt sich zwischen der Stadtbahn- und der Ringbahnebene, geringere Umsteigebeziehungen bestehen zwischen den beiden Stadtbahnsteigen." Und zur Betriebstechnologie: „Am Ostkopf des Bahnhofs Berlin Hauptbahnhof wird der Linienbetrieb in den Richtungsbetrieb überführt. Im Bahnhof Ostkreuz ist für jede Linie ein Bahnsteig vorhanden. [...] Die wechselseitige Nutzung der Bahnsteige für Züge beider Linien bzw. der Übergang von Zügen einer Linie auf die andere ist nicht möglich.
Die derzeitige Belastung beträgt während der Spitzentaktzeit (eine Taktzeit umfaßt 20 Minuten) in der Linie Berlin-Lichtenberg 8 Zuggruppen je Richtung, in der Linie Erkner 4 Zuggruppen je Richtung.
Zwischen den Streckengleisen beider Linien existieren am Ostkopf des Bahnhofs Ostkreuz Gleisverbindungen, die das Befahren der Streckengleise entgegen der gewöhnlichen Fahrtrichtung ermöglichen.
Im Bereich des Bahnhofs Ostkreuz existieren keine Kehrgleise." (sic!) [1], was nicht zutraf.

Bestenfalls Kosmetik, nicht die Lösung des Grundübels

Der „perspektivische Zustand" (der Begriff ist bereits köstlich) in dem genannten Beitrag sah keineswegs die Umstellung vom Linienbetrieb in den Richtungsbetrieb vor, sondern lediglich die Entlastung der Bahnsteige D in Ostkreuz und C in Warschauer Straße, indem durch neue Gleisverbindungen auf dem Ostkopf von Ostkreuz einige Züge von und nach Lichtenberg den Bahnsteig E (den Erkner-Bahnsteig) benutzt hätten. Außerdem war von einem Zentralstellwerk in Gleisbildtechnik auf dem Bahnhof Ostkreuz sowie von Kehranlagen für Bahnsteig E auf dem Westkopf des Bahnhofs die Rede.
Dieser Vorschlag kennzeichnet die minimalistische – genaugenommen die optimale [2] – Planung, da jene, die für Studien und Entwürfe zuständig waren, genau wussten, wie angesichts mangelnder Bilanzierung von Bau- und Ausrüstungskapazitäten das Notwendige umzusetzen war. Wäre die in [1] beschriebene Studie des Ingenieurbüros für Rationalisierung des Eisenbahntransports der Deutschen Reichsbahn ausgeführt worden, hätte es für die Reisenden auf dem Bahnhof Ostkreuz und für die Umsteiger, aber auch für die in Warschauer Straße Zusteigenden noch mehr Verwirrung über die Abfahrt der Züge gegeben, als sie ohnehin bestand (und besteht).
Denn die Züge nach Lichtenberg wären einmal vom Bahnsteig D, ein anderes Mal vom Bahnsteig E abgefahren. Wie hätte man die Reisenden lenken wollen,

2) Der Sprachgebrauch kennzeichnet neuerdings das Bestmögliche als optimal.

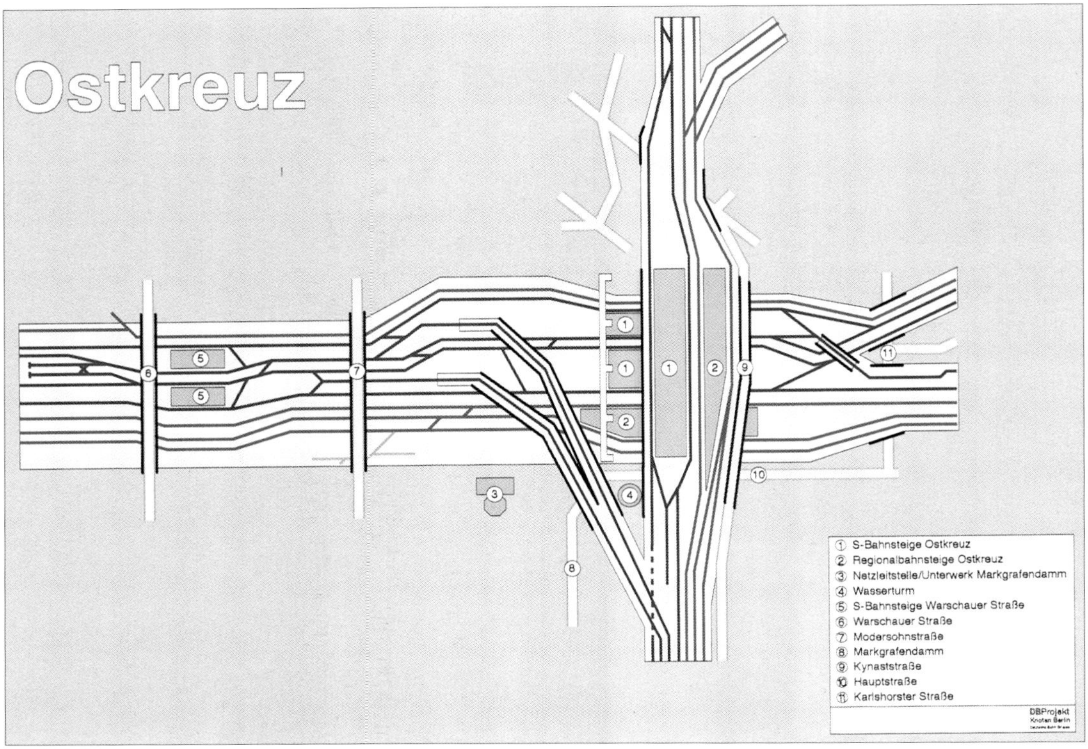

Schematische Darstellung der zukünftigen Anordnung der Gleise und Weichen sowie Bahnsteiganlagen für den S-Bahn- und Regionalverkehr auf dem Bahnhof Ostkreuz. Völlig neu ist die Umstellung von Linien- auf Richtungsbetrieb, das heißt, konsequent von einem Bahnsteig aus fahren die Züge auch nur in eine Richtung. Das bisherige Umherhasten über Treppen entfällt

damit sie jeweils den nächsten Zug in Richtung Lichtenberg erreichen? In Richtung Stadtbahn wurde ohnehin nicht mehr angezeigt, von welchem Bahnsteig der nächste Zug abfahren sollte. Nein, die bestmögliche Lösung war nur zu erreichen, wenn man konsequent auf den Richtungsbetrieb umstellte. Der erforderte jedoch den grundlegenden Umbau des Bahnhofs.

Der Aufsatz blieb der Öffentlichkeit weitgehend unbekannt. Auch in anderen Veröffentlichungen, die sich mit Berliner Bahnhöfen beschäftigten, wurde wenig oder gar nichts zur Zukunft des Bahnhofs Ostkreuz gesagt. 1994 hieß es in einer Vorlage der dem Senator für Stadtentwicklung und Umweltschutz unterstehenden Geschäftsstelle Stadtforum lediglich: „Das Konzept der Regionalbahnhöfe […]", wobei Ostkreuz mit genannt wurde, „entspricht dem polyzentralen Grundmuster Berlins. In der Verwaltung wird jedoch die Gefahr gesehen, daß mit dem Ausbau der Berliner Subzentren auch die Regionalbahnhöfe an Bedeutung verlieren könnten."

Und an anderer Stelle: „Die intensiven Planungen für das Teilgebiet, seine Ausweisung als Kerngebiet mit der Konzentration gemischter Bauflächen M 1 sind bereits bekannt. Der Bahnhof Ostkreuz integriert sich so in ein städtisches Umfeld." [2]

Dass der Bahnhof Ostkreuz so nebensächlich behandelt wurde (und wird), lag sicherlich daran, dass sich die Beteiligten – Senat von Berlin, Deutsche Bahn AG und Bundesverkehrsministerium – auf die noch größer dimensionierten Aufgaben im zentralen Bereich (Tunnelbauten, Lehrter Bahnhof, Pilzkonzept) konzentrierten.

Erst 1995 nahmen sich die Tageszeitungen auf den Lokalseiten des Umbaus des Bahnhofes Ostkreuz an. Noch einmal vergingen drei Jahre, ehe das Thema den Zeitungen und der Presseagentur ddp/ADN eine Veröffentlichung wert war. Anlass war die Kleine Anfrage der PDS-Abgeordneten Jutta Matuschek vom 26. August 1997 im Berliner Abgeordnetenhaus, auf die Jürgen Klemann, Senator für Bauen, Wohnen und Verkehr, am 18. Dezember 1997 im Namen des Senats von Berlin antworten musste. Die sehr aufschlussreichen Antworten wurden von den Zeitungen ziemlich spät und nur verkürzt wiedergegeben, wie im „Tagesspiegel" vom 8. Januar 1998, der die künftigen Neuerungen vorstellte, zuvor jedoch die Superlative des Bahnhofs nannte:

- Außer den Linien S 1, S 2, S 5, S 45 und S 46 berühren alle anderen Linien den Bahnhof
- unübersichtlichste Anlage
- verlottertste Station.

Um den Bahnhof vom Linien- auf den Richtungsbetrieb umzustellen, seien komplizierte und aufwändige Kreuzungsbauwerke erforderlich. [3]

Linie oder Richtung?

Was ist mit dem schon mehrfach genannten Linien- und Richtungsbetrieb gemeint? Bisher richtete sich die Fahrordnung der Züge nach dem Linienbetrieb. Das heißt, jeder Linie war ein Bahnsteig zugeordnet: D für die Züge von und nach Lichtenberg – Ahrensfelde/Wartenberg, E von und nach Erkner. Dieses Prinzip hat den Nachteil, dass die Züge der Gegenrichtung, nach der Stadtbahn, sowohl vom Bahnsteig D als auch vom Bahnsteig E fahren. Unbequem ist auch, dass der Umsteiger von einem Zug nach Erkner in einen Zug nach Wartenberg die Bahnsteige – über Treppen! – wechseln muss. Gewitzte benutzten zum Umsteigen jene Stationen zuvor, bei denen die Züge nach Ahrensfelde, Wartenberg, Erkner usw. von einem Bahnsteig abfahren, wie Ostbahnhof oder Jannowitzbrücke. Dabei entgehen ihnen aber die erst in Warschauer Straße eingesetzten Züge nach Wartenberg.

All diese Nachteile vermeiden die im Richtungsbetrieb angeordneten Bahnsteige, weil alle Züge der West-Ost-Richtung von einem Bahnsteig, die der Ost-West-Richtung von einem anderen Bahnsteig abfahren. Man kann daher bequem von einem Zug nach Erkner in den Zug nach Wartenberg umsteigen oder umgekehrt, indem man aussteigt und bis zum nächsten Zug stehen bleibt oder nur die Bahnsteigseiten wechselt. Das lästige Treppensteigen entfällt. Bei entsprechender Organisation des Zugverkehrs kann der Übergang von einem Zug zum anderen in weniger als drei Minuten möglich sein.

Nach dem vorgesehenen Umbau soll es je einen Richtungsbahnsteig D für die Richtung Stadtbahn sowie die Richtungen nach Strausberg, Ahrensfelde, Wartenberg und Erkner (Bahnsteig E) geben. Hinzu kommen Bahnsteige für die Regionalzüge auf der Ringbahn (Bahnsteig Ro) und an der Strecke Berlin – Frankfurt (Oder) (Bahnsteig Ru). [3]

Einschließlich der Überwerfungsbauwerke wird sich die Fläche des Eisenbahnknotenpunktes verdoppeln.

Die unterschiedlichen Interessen der verschiedenen Auftraggeber stellte DB-Projekt Knoten Berlin [4] mit folgenden Projektzielen zusammen:

1. Grunderneuerungsprogramm der S-Bahn Berlin:
   - Komplexe Grunderneuerung der vorhandenen Infrastruktur
   - Herstellung des S-Bahn-Richtungsbetriebs im Abschnitt Berlin Ostbahnhof – Ostkreuz
   - Behindertengerechter Ausbau durch Einbau von Personenaufzügen
   - Anordnung gerader, durchlaufender Fest- und Fahrtreppen zwischen Ring- und Stadtbahnebene zur Verbesserung des Umsteigekomforts

3) Soll bedeuten:
Ro = Regionalverkehr oben,
Ru = Regionalverkehr unten

4) Am 1. Januar 2000 in der Projektgesellschaft Bahnbau Deutsche Einheit aufgegangen

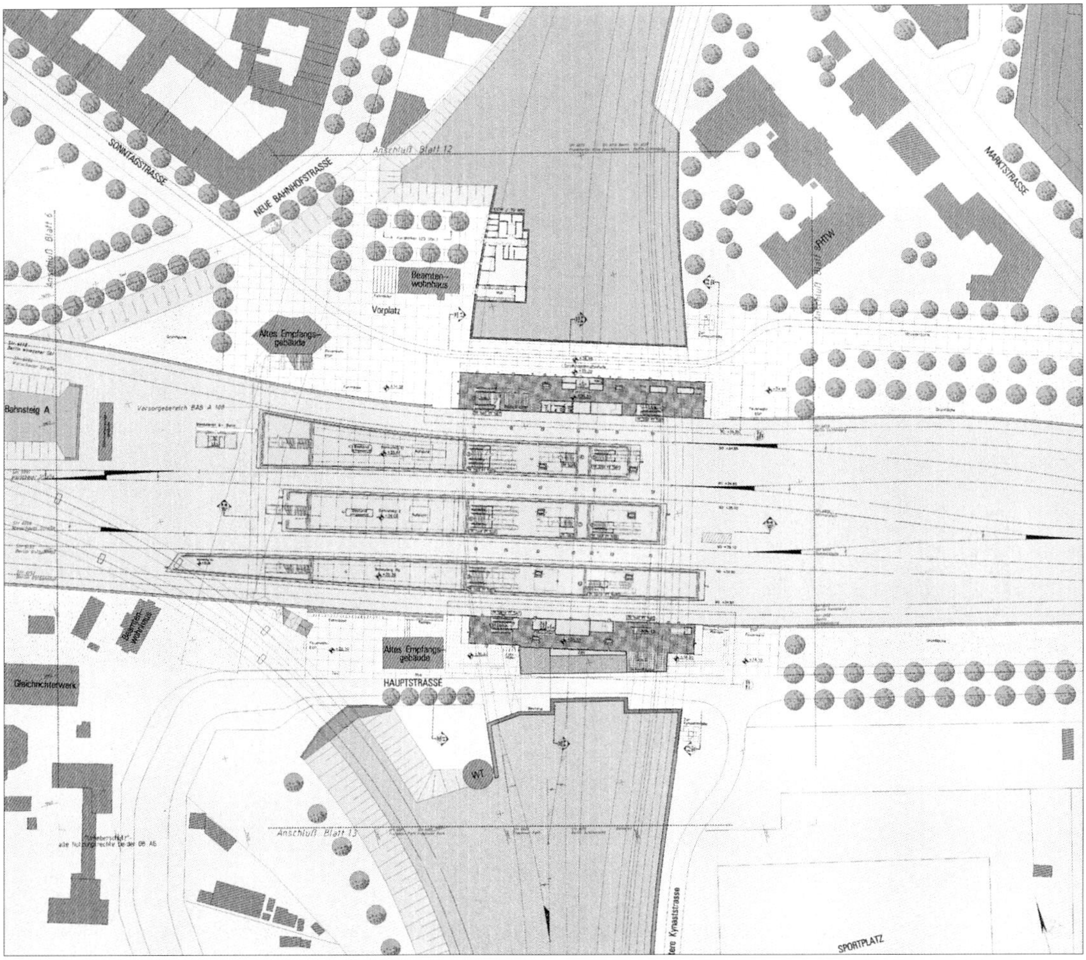

Grafische Darstellung der Anlagen für die Bahnsteige D und E sowie den Regionalbahnsteig in West-Ost-Richtung

- Errichtung einer Halle für die Bahnsteige der Ringbahnebene
- Neubau eines Kreuzungsbauwerks zur Überführung des Gleises Erkner - Ostkreuz über diejenigen von und nach Lichtenberg.

2. Für die Eisenbahnkonzeption Berlin (Pilzkonzept)

- Errichtung von zwei behindertengerechten Regionalbahnsteigen
- Herstellung des Anlagenzustandes gemäß Eisenbahn-Bau- und Betriebsordnung
- Beseitigung des spannungslosen Oberleitungsabschnitts

3. Für das Erschließungskonzept

- Zugänglichkeit aus allen vier angrenzenden Stadtquadranten
- ansprechende und funktionelle Eingangsgestaltung
- Verknüpfung mit anderen Systemen des Öffentlichen Personennahverkehrs

4. Für Bestellungen Dritter (Land Berlin bzw. Bundesverkehrsministerium)

- Bauliche Voraussetzungen für die Anbindung der Straßenbahn an den Bahnhof Ostkreuz
- Vorsorgemaßnahmen für die Bundesautobahn 100.

In mehreren Schriften wird versichert, die von der „Planungsgemeinschaft Ostkreuz", bestehend aus den Ingenieurbüros VEPRO, DE-Consult, Schüßler-Plan und dem Architektenbüro

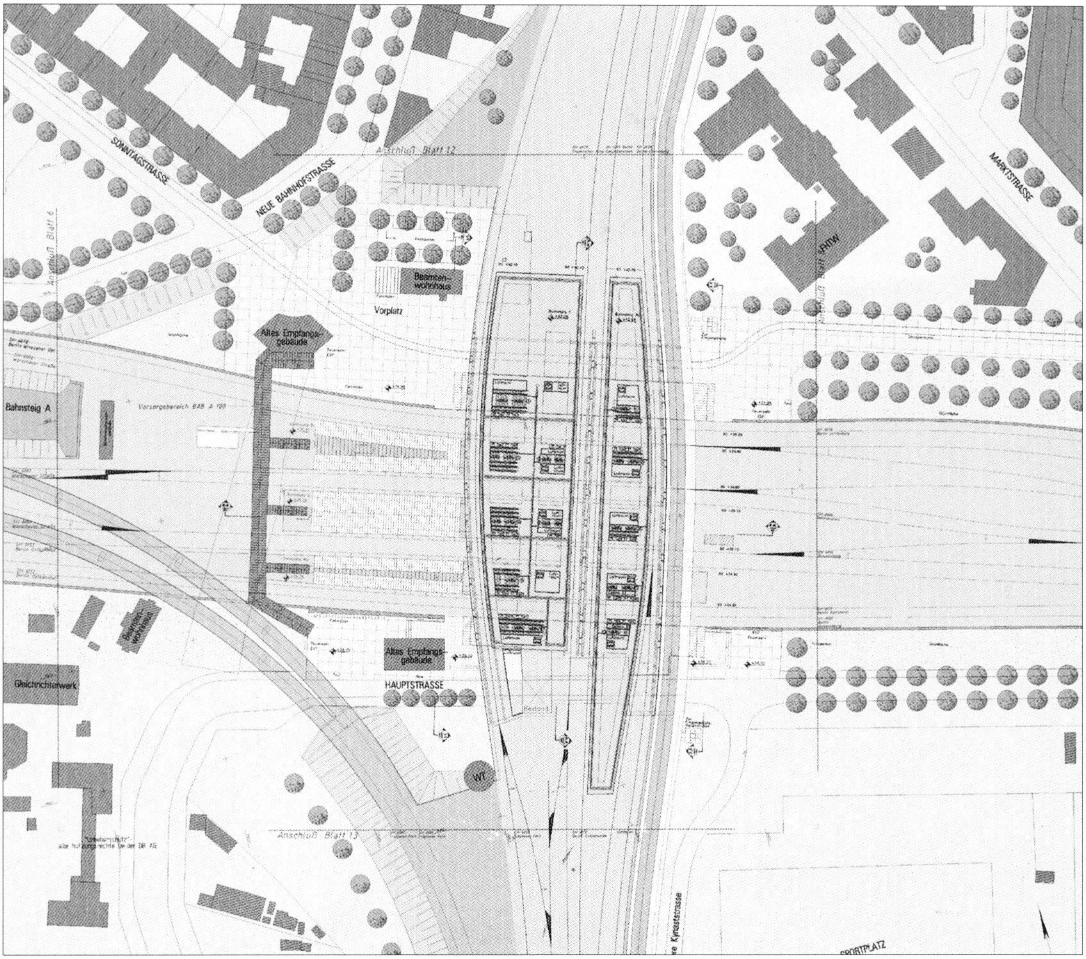

Grafische Darstellung der Anlagen für den Bahnsteig F sowie den parallelen Regionalbahnsteig in Nord-Süd-Richtung auf der Ringbahn

J. S. K., ausgearbeitete Gestaltung berücksichtigt das unter Denkmalschutz stehende Bahnhofsensemble. Es soll nicht bis zur Unkenntlichkeit überformt werden, sondern Teile bleiben erhalten, wie die Fußgängerbrücke am westlichen Ende der Bahnsteige. Am Eingang Neue Bahnhofstraße soll es eine Straßenbahnhaltestelle, einen Eingangsbereich sowie Parkplätze geben. Die Verkehrsanlagen werden sich in zwei Ebenen gliedern:

- 0 = S-Bahnsteige und Regionalbahnsteig in Richtung Stadtbahn und in Richtung Osten
- 1 = S-Bahnsteig des Vollrings und Regionalbahnsteig der Ringbahn. Der starke Fahrgaststrom von und zu diesen Bahnsteigen soll sich „über einen aufgeweiteten Mittelbereich" und über verschiedene Verbindungen zur Ebene 0 verteilen.

Die Ringbahnebene wird überspannt von einer Dachkonstruktion aus Stahl und Glas. „Ein aus zwei Elementen bestehendes Hallendach überspannt hier jeweils einen Bahnsteig und bietet in einem ausgewogenen Verhältnis von geschlossenen und transparenten Flächen sowohl Wetterschutz als auch den Einfall von Tageslicht. Letzteres wird durch zusätzliche Öffnungen im Ringbahnbrückenzug auf die unteren Bahnsteige der Ebene 0 geleitet." [8] In der 0-Ebene sollen die Bahnsteige einzeln überdacht werden. In den Prognosen für das Jahr 2010 gehen die Verkehrsplaner von täglich 26.000 Ein- und Aussteigern und 212.000 bis 237.000 Ein-, Aus- und Umsteigern aus.

Wann geht's los?

Der Bahnhof soll zwölf Aufzüge und 17 Fahrtreppen erhalten. Aber wann? Klemann: „1999 sollen der Umbau und die Sanierung des S-Bahnhofs nun wirklich beginnen. Allerdings nur, wenn auch die bereits signalisierte Mittelfreigabe durch den Bund tatsächlich erfolgt. Die Arbeiten werden sich über sieben oder acht Jahre hinziehen und voraussichtlich 726 Millionen Mark kosten." [3]
In der ddp-ADN-Nachricht ist von einer Grunderneuerung die Rede und davon, dass sowohl auf der Ringbahn als auch an der ehemaligen Ostbahn („abhängig von der Finanzierung") zwei Außenbahnsteige für den Regionalverkehr vorgesehen seien. Erstmals ist zu erfahren, dass die Nordkurve (nicht mehr notwendig!) sowie der Bahnsteig A entfallen. [4]
Sieben Monate später scheint es, als gelte Klemanns Ankündigung nicht mehr, denn die „Berliner Zeitung" erfuhr, dass die Deutsche Bahn die Weichen für das Großprojekt immer noch nicht gestellt habe; Umbau und Sanierung werden wohl erst im Jahr 2000 beginnen. Die Grundsatzentscheidung werde der Bahnvorstand im September oder Oktober treffen. [5] Nichts wurde entschieden, vielmehr musste nach der ICE-Katastrophe vom 3. Juni 1998 in Eschede umprojektiert werden. Vorsorglich dürfen Pfeiler und Träger von Brücken und Hallen nicht mehr unmittelbar neben dem Gleis stehen. Anfang 2000 war noch nicht einmal das Planfeststellungsverfahren eingeleitet, das nach Auskunft der Planungsgesellschaft Bahnbau Deutsche Einheit maßgebend für den Baubeginn sein soll. Er sei „abhängig vom Verlauf des noch durchzuführenden Planfeststellungsverfahrens sowie von den Ergebnissen der Prüfung der Verträglichkeit der Bauarbeiten im Berliner S-Bahnnetz."
Letzteres ist das dritte Problem neben dem Umfang und den Kosten des Bauvorhabens, denn der Bahnhof darf oder soll nicht stillgelegt werden, will man die Funktionsfähigkeit der Stadt nicht in Frage stellen. Günter Ruppert, Geschäftsführer der S-Bahn Berlin GmbH, sagte das und erklärte weiter: „Deshalb muss eine Technologie gefunden werden, den Bahnhof bei laufendem Betrieb zu erneuern. Zweiter Gesichtspunkt: Der Bahnhof kann nicht eins zu eins erneuert werden, wie er einmal war, weil das den heutigen Komfortansprüchen im Nahverkehr nicht genügt." Wegen des künftigen Richtungsbetriebs „bedingt das Umbauarbeiten nicht nur am Bahnhof Ostkreuz, sondern schon im Vorfeld bis Warschauer Straße, ja bis Ostbahnhof." [7]
Bei Gelegenheit dieser Antwort verlegte Ruppert den Umbau in das Jahr 2001 „oder kurz danach". Die Zitate belegen, dass die Verschiebung an sich unaufschiebbarer Projekte keine ausschließliche Eigenart der DDR war.
Ungeachtet solcher offenen Fragen intensivierte die S-Bahn Berlin GmbH bis zum Jahresende 1999 ihre Vorbereitungen für ein Baubetriebsprogramm. Um wegen gesperrter Gleise – beispielsweise am Ring-Bahnsteig F – ausweichen zu können, soll die Nordkurve benutzt werden, ehe sie abgerissen wird. Züge aus Richtung Schönhauser Allee in Richtung Treptower Park würden zum Ostbahnhof geleitet.
Hielt sich die Fachpresse mit dem Projekt Ostkreuz seit 1988 zurück, so beschrieb Wilms, seinerzeit einer der Geschäftsführer der DB-Projekt Knoten Berlin GmbH, 1998 den Zustand und

die Aufgaben beim Bahnhof Ostkreuz. „Die Ingenieurbauwerke können wegen des starkes Verschleißes nur noch eine begrenzte Zeit genutzt werden. Das Erscheinungsbild des Bahnhofs entspricht in keiner Weise den Ansprüchen einer modernen Verkehrsstation. Erklärtes Ziel der Deutschen Bahn AG ist es, eine Bahnhofsanlage zu errichten, die durch Funktionalität, Ausstattung und Komfort zukünftigen Ansprüchen der Fahrgäste genügt. Dieses erfordert die umfassende Erneuerung der gesamten Anlagen im Planungsbereich. Dazu gehören u. a. die Grunderneuerung der vorhandenen Infrastruktur, die Herstellung des EBO-gerechten Anlagenzustandes [5], die Errichtung von zwei Regionalbahnsteigen, die Verbesserungen der Umsteigebedingungen zum ÖPNV und der Einbau von Aufzügen für die behindertengerechte Gestaltung." [6]
Aus allen vier angrenzenden Stadtvierteln soll der Bahnhofszugang unter der Ringbahnebene entstehen. „Für die Eingangshallen werden transparente Stahlglaskonstruktionen vorgesehen, die möglichst viel seitlich einfallendes Tageslicht zulassen. Zudem erhalten die Vorfahrten zusätzliches Tageslicht von oben über Öffnungen im Ringbahnbrückenzug. Die Gestaltung der mit einem Sheddach ausgerüsteten Haupthalle orientiert sich an traditionellen Bauformen einiger Berliner S-Bahnhöfe. Neben der Wiederverwendung historischer Bauteile wurde bei diesem Konzept großer Wert auf den Erhalt des historischen Ensembles gelegt."
Durch die bereits genannte Kleine Anfrage und die Veröffentlichung im Landespressedienst vom 24. Februar 1999 wurden weitaus mehr Details bekannt als in Wilms Beitrag. Abgesehen vom genannten, jedoch bereits überholten Umbaubeginn 1999 erfahren wir: „Nach derzeitigem Planungsstand wird der Umbau 7 bis 8 Jahre dauern. [...] Längerfristige Totalsperrung werden nicht zur Verfügung stehen." [6]
Der Senat betrachtet den Bahnhofsumbau im Zusammenhang mit der Fortführung der Stadtautobahn: „Der Bereich Ostkreuz soll durch die geplante A 100 unterquert werden. Die A 100 ist Bestandteil der Planung zur Schließung des mittleren Stadtringes (Senatsbeschluss Nr. 6204/95 vom 8. August 1995). Nach dem gegenwärtigen Arbeitsstand hat die Autobahnplanung keine Auswirkungen auf die grundsätzliche Gestaltung der Bahnanlagen. Ebenso wird eingeschätzt, daß mögliche bauliche Vorleistungen für die Autobahn sich in die entsprechenden Bauzustände der Bahn einpassen lassen und dadurch keine zeitlichen Verzögerungen eintreten werden."

Kosten: 726 Millionen Mark

Nicht juristische Gründe verzögern den Baubeginn, sondern finanzielle. Wie der Umbau von Ostkreuz finanziert werden soll, kann niemand definitiv sagen bzw. bleibt die Deutsche Bahn bei Anfragen lediglich im Allgemeinen. Der Verkehrssenator Klemann hatte seinerzeit erklärt, dass dem Land Berlin nur Kosten für den Vorteilsausgleich für die Kynaststraßenbrücke entstehen, deren Neubau von der Deutschen Bahn veranlasst wurde. Die Deutsche Bahn wiederum nannte als Finanzierungsquellen für die ebenfalls bereits genannte Summe von 726 Millionen Mark:

- Bundesmittel für die Grunderneuerung
- Mittel des Pilzkonzepts für den Knoten Berlin
- Mittel des SPNV-Programms [7]
- Eigenmittel der Deutschen Bahn für eigene nichtzuwendungsfähige Investitionen und Rückbaumaßnahmen
- EKrG-Anteile [8] des Landes Berlin.

Eines steht aber fest: Wenn dieses Buch erscheint, hat es noch keinen „Ersten Spatenstich" gegeben.

5) EBO = Eisenbahn-Bau- und Betriebsordnung

6) Nach der von der Deutschen Bahn veranlassten Wirtschaftsprüfung entstanden bei den Bauarbeiten im Bahnknoten Berlin und bei der Hochgeschwindigkeitsstrecke Frankfurt (Main) – Köln Mehrkosten von 5 Milliarden Mark. Deshalb hieß es im Mai 2000, die Verkehrsbauten in Berlin werden vereinfacht, zurückgestellt oder nicht ausgeführt. Ostkreuz sei gestrichen. Eine schlüssige Auskunft, was nun mit dem Bahnhof Ostkreuz geschehen soll, gab es von der Deutschen Bahn bis zum Manuskriptschluss nicht. Die Einsparung könnte sich auf die Umstellung vom Linien- zum Richtungsverkehr, auf die Anlage der Bahnsteige für Züge des Regionalverkehrs bzw. auf die neue Bahnhofshalle beziehen. Die Instandsetzung der Bahnhofsanlagen lässt sich sicherlich nicht aufschieben.
Von Ausgaben für „Protzbauten", wie in süddeutschen Zeitungen berichtet, kann zumindest beim Bahnhof Ostkreuz keine Rede sein.

7) SPNV = Schienenpersonennahverkehr

8) EKrG = Eisenbahn-Kreuzungsgesetz

Anhang

Chronik des Bahnhofs Stralau-Rummelsburg/ Ostkreuz

1842
23. Oktober: Eröffnung der Strecke Berlin – Frankfurt an der Oder für den Personenverkehr

1851
15. September: Eröffnung der Alten Verbindungsbahn Stettiner – Hamburger – Potsdamer – Anhalter und Frankfurter Bahnhof für den Güterverkehr

1867
1. Oktober: Eröffnung der Strecke Berlin Ostbahnhof – Gusow (preußische Ostbahn)

1871
17. Juli: Stillegung der Alten Verbindungsbahn

1872
1. Januar: Eröffnung des Personenverkehrs auf der Neuen Verbindungsbahn
April: Haltepunkt Niederschlesisch-Märkischer Anschluss wird Stralau genannt (1882 stillgelegt)

1880/1881
Bau der Nord- und der Südkurve

1882
7. Februar: Inbetriebnahme des Bahnhofs

1896
Viergleisiger Ausbau der Ringbahn Stralau-Rummelsburg – Rixdorf, Bau von Außenbahnsteigen in den Kurven

1902
Bau des Bahnsteigs E

1903
1. Mai: Einführung der Vollringzüge und Inbetriebnahme des Bahnsteigs F
1. Oktober: Eröffnung der Stadtbahngleise nach Lichtenberg-Friedrichsfelde und des neuen Bahnsteigs D

1912
Inbetriebnahme des Wasserturms

1928 bis 1929
Elektrifizierung der Stadt- und Ringbahn

1930
1. Dezember: Umbenennung Stadt-, Ring- und Vorortbahn in S-Bahn

1933
15. Mai: Umbenennung von Stralau-Rummelsburg in Ostkreuz

1937
Projekt für den (nicht ausgeführten) Umbau des Bahnhofs

1944/1945
Kriegsschäden, u. a. wird das Bahnhofsgebäude zerstört, Wiederaufnahme des S-Bahn-Verkehrs außer auf der Strecke nach Erkner

1948
2. November: Wiederinbetriebnahme der Strecke nach Erkner

1966
22. Mai: Stillegung der Bahnsteige B und C

1984
1. August: Die Umstellung der Signalverbindungen auf das Haupt-/Vorsignalsystem (mit Lichtsignalen) beginnt

1991
4. November: Hauptdienststelle Berlin Ostkreuz gebildet

1994
28. Mai: Planmäßiger Zugverkehr über die Nordkurve eingestellt

1997
18. Dezember: Verkehrssenator Klemann gibt erstmals Vorstellungen zum Umbau und zur Modernisierung des Bahnhofs bekannt

1999
Angekündigter Beginn von Umbau und Sanierung erneut verschoben

Umbenannte Bahnhöfe

Berlin Frankfurter Bahnhof, 1846 Berlin Niederschlesisch-Märkischer Bahnhof, 1881 Berlin Schlesischer Bahnhof, 1950 Berlin Ostbahnhof, 1987 Berlin Hbf, 1998 Berlin Ostbahnhof
Berlin Schlesischer Güterbahnhof, Dezember 1950 Berlin Ostgüterbahnhof
Berlin Ostbahnhof, 1950 Berlin Wriezener Bahnhof
Lichtenberg-Friedrichsfelde, 1938 Berlin-Lichtenberg
Neu Lichtenberg, 1954 Nöldnerplatz
Friedrichsberg, 1897 Frankfurter Allee, 1949 Stalinallee, 1961 Frankfurter Allee
Kietz-Rummelsburg, 1914 Rummelsburg (in neuer Lage)
Treptow, 1937 Treptower Park
Rixdorf, 1912 Neukölln

Andere Betriebskreuze

Westkreuz
Nordkreuz, zwischen Gesundbrunnen, Schönhauser Alle und Bornholmer Straße, Kreuzung von Ringbahn, Nord-Süd-Bahn und der Strecke Lehrter Bahnhof – Nördlicher Außenring, 1999 im Bau
Südkreuz, an der Stelle des Bahnhofs Papestraße, Kreuzung Ringbahn und der Strecke Lehrter Bahnhof – Südlicher Außenring, Bahnhofsbezeichnung offiziell noch nicht bestimmt
Grünauer Kreuz, Südlicher Berliner Außenring, seit 1951 in Betrieb
Abzw Glasower Damm, Südlicher Berliner Außenring, seit 1951 in Betrieb, 1961 durch Südwestkurve ergänzt
Genshagener Heide, Südlicher Berliner Außenring, seit 1951 in Betrieb, seit 1999 von der Betriebszentrale Berlin gesteuert
Falkenhagener Kreuz, Westlicher Berliner Außenring, seit 1955 in Betrieb
Hennigsdorf Nord, Westlicher Berliner Außenring, seit 1953 in Betrieb
Karower Kreuz [1], Nördlicher Berliner Außenring, seit 1952 in Betrieb
Biesdorfer Kreuz, Östlicher Berliner Außenring, 1971 erste Ausbaustufe, 1975 zweite Ausbaustufe

Die Betriebsbereiche der S-Bahn Berlin GmbH (1999)

Ost: Ostkreuz [2] – Strausberg Nord, Friedrichsfelde Ost – Ahrensfelde, Springpfuhl – Wartenberg, Potsdam Hbf – Stadtbahn – Erkner, Charlottenburg – Spandau
West: Nord-Süd-Strecke, Schönholz – Hennigsdorf, Schönholz – Oranienburg, Schönhauser Allee – Bernau, Anhalter Bahnhof – Wannsee, Priesterweg – Lichterfelde Süd, Priesterweg – Mahlow
Süd: Ringbahn, Neukölln – Baumschulenweg, Treptower Park – Königs Wusterhausen, Adlershof – Berlin-Flughafen Schönefeld, Schöneweide – Springpfuhl

1) Inoffizielle Bezeichnung, offiziell: Abzw Karow West, Abzw Karow Ost

2) Bahnhofsnamen ohne Zusatz Berlin

Quellennachweis

1. Geburtstag des Bahnhofs

[1] Bley, Peter: 150 Jahre Eisenbahn Berlin – Frankfurt/Oder, Düsseldorf 1992
[2] Meyer-Kronthaler, Jürgen, Kramer, Wolfgang: Berlins S-Bahnhöfe. Ein dreiviertel Jahrhundert, Berlin-Brandenburg 1998
[3] Müller, Hans, Nierich, Günter: Historische Bahnhöfe in Berlin, Hauptstadt der DDR. In: Eisenbahnpraxis, Berlin 2/1987

2. Stralau und Rummelsburg

[1] Herrmann, Joachim: Berlin. Ergebnisse der heimatkundlichen Bestandsaufnahme, Berlin 1987
[2] Dominik, Emil: Quer durch und ringsum Berlin, Berlin 1883
[3] Bley, Peter: 150 Jahre Eisenbahn Berlin – Frankfurt/Oder, Düsseldorf 1992
[4] Rosenke, Bernd, Demps, Reinhard: Ostkreuz. Aus der Geschichte eines S-Bahnhofs. In: Verkehrsgeschichtliche Blätter, Berlin 2/1984
[5] Lange, Annemarie: Berlin in der Weimarer Republik, Berlin 1987
[6] Lange, Annemarie: Berlin zur Zeit Bebels und Bismarcks. Zwischen Reichsgründung und Jahrhundertwende, Berlin 1976
[7] Demps, Laurenz: Der Schlesische Bahnhof Berlin. Ein Kapitel preußischer Eisenbahngeschichte, Berlin 1991
[8] Müller, Hans, Nierich, Günter: Historische Bahnhöfe in Berlin, Hauptstadt der DDR. In: Eisenbahnpraxis, Berlin 2/1987
[9] Die Berliner S-Bahn. 75 Jahre elektrisch, München 1999
[10] Bock, Peter: Zwischen Stralau und Rixdorf. 130 Jahre südöstliche Ringbahn. In: Verkehrsgeschichtliche Blätter, Berlin 1/1998
[11] Meyer-Kronthaler, Jürgen, Kramer, Wolfgang: Berlins S-Bahnhöfe. Ein dreiviertel Jahrhundert, Berlin-Brandenburg 1998
[12] Das Deutsche Eisenbahnwesen der Gegenwart, Band II, Berlin 1911

3. Von Ostkreuz bis Rostkreuz

[1] Rosenke, Bernd, Demps, Reinhard: Ostkreuz. Aus der Geschichte eines S-Bahnhofs. In: Verkehrsgeschichtliche Blätter, Berlin 2/1984
[2] Reichsbahndirektion Berlin 1987: Überblick der Entwicklung des Reichsbahndirektionsbezirkes Berlin 1945 bis 1955
[3] Braun, Michael: Mit Dampf und Strom nach Erkner. Wie eine Vorortstrecke zum zweiten Mal gebaut wurde. In: Verkehrsgeschichtliche Blätter, Berlin 3/1999
[4] Ausgaben der Verkehrsgeschichtl. Blätter
[5] Müller, Hans, Nierich, Günter: Historische Bahnhöfe in Berlin, Hauptstadt der DDR. In: Eisenbahnpraxis, Berlin 2/1987
[6] Neumann, Peter: Ostkreuz-Sanierung: Beginn erst im Jahr 2000? In: Berliner Zeitung vom 20. August 1998
[7] Fiegenbaum, Wolfgang, Klee, Wolfgang: Abschied von der Schiene. Stillgelegte Bahnstrecken im Personenverkehr Deutschlands 1991 – 1995, Stuttgart 1997
[8] Stave, John: Stube und Küche. Erlebtes und Erlesenes, Berlin 1987
[9] Zurückbleiben bitte! In: Berliner Zeitung vom 5. Oktober 1999
[10] Autorenkollektiv: Die Berliner S-Bahn, Berlin 1968

4. Der Bahnhof als Baudenkmal

[1] Berlin und seine Bauten, Teil X, Band B Anlagen und Bauten für den Verkehr (2) Fernverkehr, Berlin 1984
[2] Berlin und seine Eisenbahnen, Bd. II, Berlin 1896
[3] Berlin und seine S-Bahn, Berlin 1987
[4] Berliner Landesamt für Denkmalpflege (Herausgeber): Denkmaltopographie Friedrichshain
[5] Bley, Peter: 100 Jahre Berliner Stadtbahn Teil I und II. In: Berliner Verkehrsblätter, 1, 2/1982

[6] Bley, Peter: Die Berliner S-Bahn, Düsseldorf 1975
[7] Bock, Hans Michael, Dittfurth, Udo, Hilbers, Franz-Josef: Die Ingenieurbauwerke der Berliner S-Bahn
[8] Brademann, Richard: Die bauliche Gestaltung der Reichsbahn-Unterwerke auf den nördlichen Berliner Vorortstrecken. In: Zentralblatt für den elektrischen Zugbetrieb 5/1928
[9] Colberg, Rolf: Von Stralau bis Ostkreuz. In: Der Stadtverkehr 1/1962
[10] Cornelius, Karl: Neuere Wassertürme im Eisenbahndirektionsbezirk Berlin. In: Zentralblatt der Bauverwaltung 44/1915, S. 286-287
[11] Demps, Laurenz: Der Schlesische Bahnhof Berlin. Ein Kapitel preußischer Eisenbahngeschichte, Berlin 1991
[12] Deutsche Bahn – Schienenverkehrsknoten Berlin: Bahnhof Ostkreuz, Bestandsdokumentation, Stand 30. 08. 1996
[13] Die Berliner S-Bahn, Gesellschaftsgeschichte eines industriellen Verkehrsmittels, Katalog zur Ausstellung der Neuen Gesellschaft für Bildende Kunst (NGBK), 28. 12. 82 bis 12. 1. 1983, Berlin 1982
[14] Dost, Susanne: Richard Brademanns Bauten für die Berliner S-Bahn, Werkmonographie (in Arbeit)
[15] Elektrische Bahnen. Monatshefte für Bau, Unterhaltung, Betrieb; 1927
[16] Gottwaldt, Alfred, Kuom, Hermann, Risch, Karsten: Die S-Bahn in Berlin, Stuttgart/Köln/Mainz 1984
[17] Gottwaldt, Alfred: Eisenbahn-Brennpunkt Berlin. Deutsche Reichsbahn 1920 bis 1939, Berlin 1982
[18] Gottwaldt, Alfred: Der Eisenbahn-Architekt Karl Cornelius, Berlin 1997
[19] Klünner, H. Werner: S- und U-Bahnarchitektur in Berlin, Berlin 1985
[20] Kunert, G., Rau, Albrecht, Rau-Härig, Nelly: Der Reisende hat das Wort. Die Berliner S-Bahn, Berlin 1981
[21] Landesarchiv Berlin, Kartenabteilung A 176, Bpl. 2797, Acc. 1786
[22] POLIS Kultur und Kommunikation/Entwicklungsträgergesellschaft Rummelsburger Bucht: Der Bahnhof Ostkreuz und das Areal des Markgrafendamm – eine kulturhistorische Bestandsaufnahme, Berlin 1996
[23] Rosenke, Bernd, Demps, Reinhard: Ostkreuz – Aus der Geschichte eines S-Bahnhofes. In: Verkehrsgeschichtliche Blätter, Berlin 2/1984
[24] Schmidt, Hartwig, Eilhardt, Eva-Maria: Die Bauwerke der Berliner S-Bahn. Die Stadtbahn, Arbeitshefte der Berliner Denkmalpflege, Berlin 1984
[25] Strozynski, Ursula: Werksammlung
[26] Wichniarz, Stefan, Karner, Stefan: Berliner Wassertürme, Berlin 1987
[27] Woll, Stefan: Berliner Wassertürme, Berlin 1986
[28] Ostkreuz: Nu fang'n wir gleich an...! In: „Berliner Verkehrsblätter" 4/1999

5. Neben dem Bahnhof

[1] Schubert, Hans: 50 Jahre Fahrleitungsmeisterei Ostkreuz. In: Verkehrsgeschichtliche Blätter, Berlin 5/1978
[2] Lange, Annemarie: Berlin in der Weimarer Republik, Berlin 1987
[3] Lange, Annemarie: Berlin zur Zeit Bebels und Bismarcks. Zwischen Reichsgründung und Jahrhundertwende, Berlin 1976
[4] Lange, Annemarie: Das Wilhelminische Berlin. Zwischen Jahrhundertwende und Novemberrevolution, Berlin 1976
[5] Kapitzki, Christel: Neue Bahnhöfe in Berlin. Visionen werden Realität, Berlin 1998
[6] Berlin und seine Bauten, Teil X, Band B Anlagen und Bauten für den Verkehr, Berlin 1984
[7] Autor-Koll.: Die Berliner S-Bahn, Berlin 1968
[8] 80 Jahre Osthafen, Berlin 1993
[9] Stromversorgung der Berliner S-Bahn wird durch neue Netzleitstelle gesteuert. Presseinformation von DB-Netz am 17. Dezember 1999

6. Die Zukunft des Bahnhofs

[1] Lange, Heiderose: Betriebstechnologische Aspekte der Umgestaltung des Bahnhofs Ostkreuz. In: Eisenbahnpraxis, Berlin 5/1988
[2] Berliner Eisenbahnverkehr – Zwischenbilanz der bisherigen Arbeit des Stadtforums und der planerischen Umsetzung (Vorlage für die 36. Sitzung des Stadtforums am 21./22. Januar 1994), SenStadtUm, Geschäftsstelle Stadtforum, 17. Januar 1994
[3] Umbau des S-Bahnhofes Ostkreuz soll 1999 beginnen. In: Der Tagesspiegel, Berlin, vom 8. Januar 1998
[4] Grunderneuerung des S-Bahnhofes Ostkreuz beginnt 1999. In: ddp-ADN vom 20. Januar 1998
[5] Neumann, Peter: Ostkreuz-Sanierung: Beginn erst im Jahr 2000? In: Berliner Zeitung vom 20. August 1998
[6] Wilms, Jürgen: Berlin – eine europäische Eisenbahnmetropole. In: Eisenbahningenieur, Hamburg 9/1998
[7] Vom Beförderungsbetrieb zum Dienstleistungsunternehmen Hauptstadtbahn. Interview mit Günter Ruppert, Geschäftsführer der S-Bahn Berlin GmbH. In: Berliner Zeitung, Verlag-Thema „75 Jahre Berliner S-Bahn" vom 6. August 1999
[8] Kapitzki, Christel: Neue Bahnhöfe in Berlin. Visionen werden Realität, Berlin 1998.

Bildnachweis

Bezirksamt Friedrichshain: 15
Butter: 82 unten, 84 unten, 87, 88, 107 oben rechts, 125
DB Archiv (Rbd Berlin): 32, 33, 45, 48, 58 unten
DB Netz: 30
DB Personenbahnhöfe: 80 unten, 108 oben, 118, 119, 128 oben
DB Projekt Knoten Berlin: 148, 150, 151
Deiters: 89 unten, 90 oben, 97 unten
Volker Emersleben: 64 unten, 108 unten
Rudolf Heym (Sammlung): 105 (Foto Greinke)
Hans-Joachim Kirsche: 6, 8, 10/11, 20, 24, 25, 27, 28, 31, 34 beide, 35 beide, 36 beide, 37, 38, 39, 42, 43 beide, 46, 47, 49, 52 unten, 54, 57, 58 beide oben, 59, 60, 61 beide unten, 62, 63, 64 oben, 65, 66, 70, 74, 77, 78/79, 81 unten, 83, 84 oben, 85 oben, 86, 93 oben, 96 beide, 97 oben, 100 unten, 101 unten, 102, 106 unten, 107 oben links, 107 unten, 109 unten, 110 unten, 128 unten, 132, 133, 134, 135, 136, 137 beide, 138, 140/141, 143 beide, 146
Bernd Kuhlmann: 50
Landesbildstelle Berlin: 41, 82 oben (Album 1b, 65/2980), 101 oben (Album 1b, 65/2982), 104 (Album 1b, 65/2983), 112/113, 120 (Album 1b, 65/2977), 121 (Album 1b, 65/2981), 122/123 (Album 1b, 65/2978)
Ingrid Migura: 51, 52 oben
Klaus Pöhler: 72/73
Bernd Neddermeyer: 106 oben
Erich Preuß: 67 beide, 71 beide
Repro aus „Berlin und seine Eisenbahnen 1846 – 1896": 18/19
Repro aus „Eisenbahntechnik der Gegenwart": 44
Rosenke/Pohl: 9 beide
Sammlung Laurenz Demps: 17, 115, 116/117
Bodo Schulz: 85 unten, 92, 98/99, 103, 110 oben, 111, 126/127
Stadtmuseum Berlin: 14, 21
Ursula Strozynski: 80 oben
Ullstein-Bilderdienst: 22/23, 114
ZDF: 61 oben
Zentrale Bildstelle der Deutschen Reichsbahn (ZBDR): 2, 12 (Zimmer), 13 (Zimmer), 26 (Hein), 29 (Hein), 53 beide, 68/69, 81 oben, 89 oben, 90 unten, 91, 93 unten, 94, 95, 100 oben, 124

5
B 11